世界3大恐龍學家「小托馬斯·理查德·霍爾茨」推薦必看！
漫
恐龍
畫
笑料演化史
全世界恐龍迷都一定要收藏的恐龍生態漫畫
作者——金渡潤　翻譯——陳瑋婷
U0070073

Orange Science 03

漫畫恐龍笑料演化史

——全世界恐龍迷都一定要收藏的恐龍生態漫畫

圖／文　金渡潤

作　　者　金渡潤
翻　　譯　陳瑋婷
總 編 輯　于筱芬　CAROL YU, Editor-in-Chief
副總編輯　謝穎昇　EASON HSIEH, Deputy Editor-in-Chief
業務經理　陳順龍　SHUNLONG CHEN, Sales Manager
媒體行銷　張佳懿　KAYLIN CHANG, Marketing Manager
美術設計　楊雅屏　YANG YAPING

만화로배우는공룡의생태

出版發行
橙實文化有限公司
ADD／桃園市中壢區永昌路147號2樓
2F., No.382-5, Sec. 4, Linghang N. Rd., Dayuan Dist., Taoyuan City
337, Taiwan (R.O.C.)
TEL／(886) 3-381-1618　FAX／(886) 3-381-1620
MAIL: orangestylish@gmail.com
粉絲團 https://www.facebook.com/OrangeStylish/

經銷商
聯合發行股份有限公司
ADD／新北市新店區寶橋路235巷弄6弄6號2樓
TEL／(886) 2-2917-8022　FAX／(886) 2-2915-8614

初版日期 2023年1月

小王子是這麼拜託我的。

我至今從沒畫過霸王龍，所以就按照從電影中看到的畫了下來。

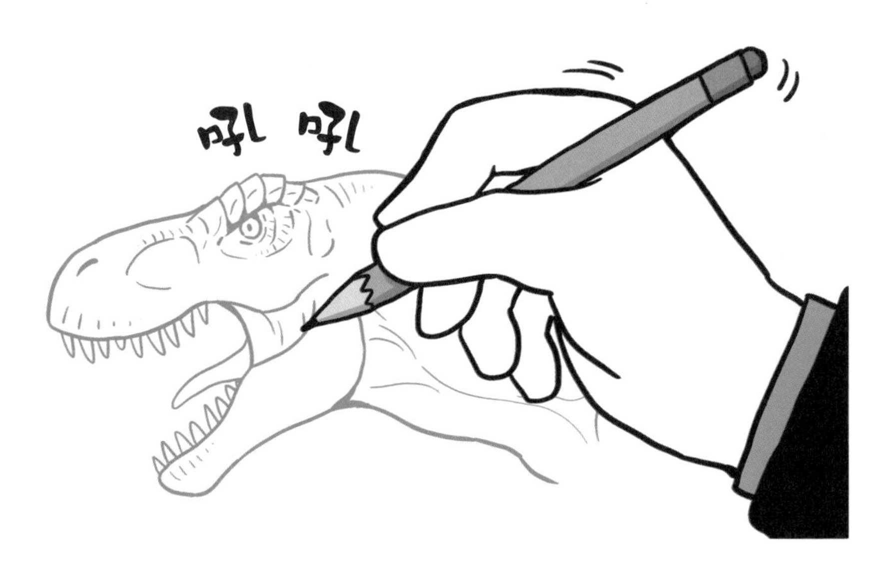

來！你想要的霸王龍。

這才不是霸王龍呢！看來叔叔無法分辨電影〈侏羅紀公園〉裡的恐龍和現實恐龍的樣子。
這是電影〈金剛〉裡出現的毀滅君王龍（Vastatosaurus）吧！〈侏羅紀公園〉裡的霸王龍是爬蟲類和兩棲類兩種基因組合的組合體，和實際上的霸王龍有很大的不同。
反正，這假霸王龍我不喜歡，請重畫，謝謝！

所以我看了恐龍書籍，重新畫了一隻霸王龍。

於是我請教 GOOGLE 大神，重新畫了一隻霸王龍。

煩躁的我，隨便畫了張塗鴉後丟了出來。

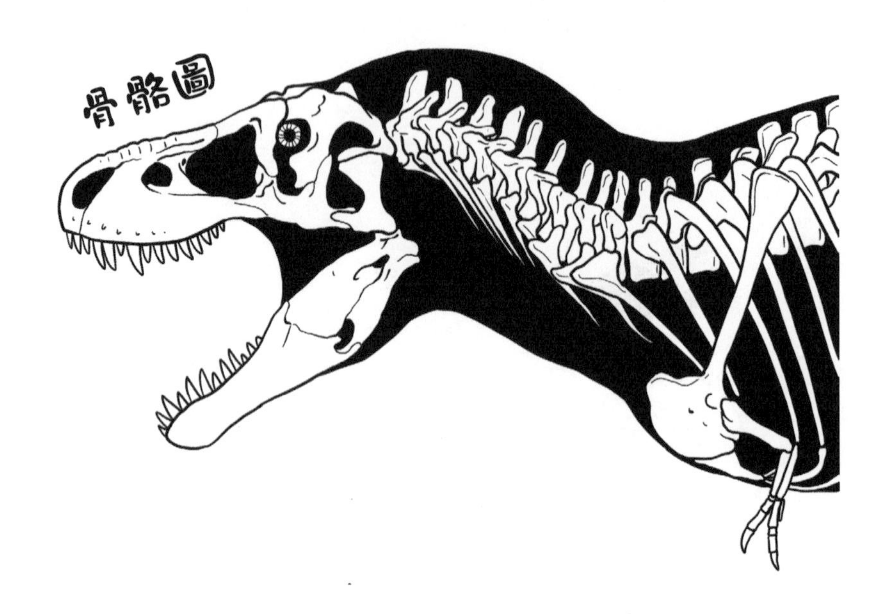
骨骼圖

燦
笑

漫畫恐龍  笑料演化史

全世界恐龍迷
都一定要收藏的恐龍生態漫畫

CONTENTS

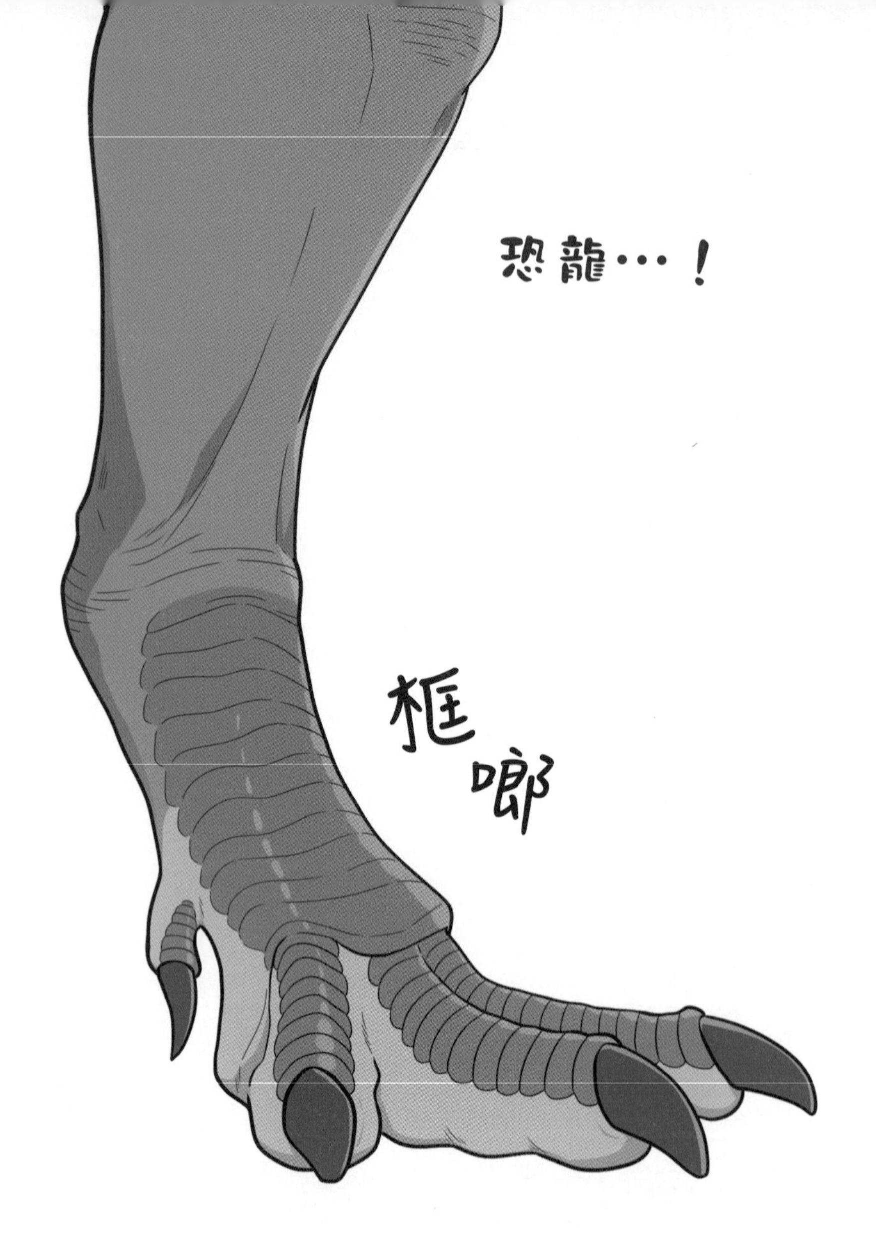
恐龍⋯！
框啷

恐龍是在中生代登場，過去統治地球上大大小小的爬蟲類。

雖然每個學者的看法都不一樣，有大到 30 公尺，

也有小到手掌大小的

以各種形狀和大小蓬勃發展。

6500 萬年前的一次，「咻！碰！」恐龍大滅絕。

其中一部分仍然存活著，統治著天空。

1話

恐龍模型建立

恐手龍
Deinocheirus

白堊紀後期生活在蒙古的獸腳亞目。50年來只有發現手臂化石，但在2014年被韓國研究團隊揭曉了整體樣貌。

除了現在活著的鳥類以外，消失的恐龍當時是如何生活的呢？科學家們為了研究這個問題，

利用剩下的恐龍化石…

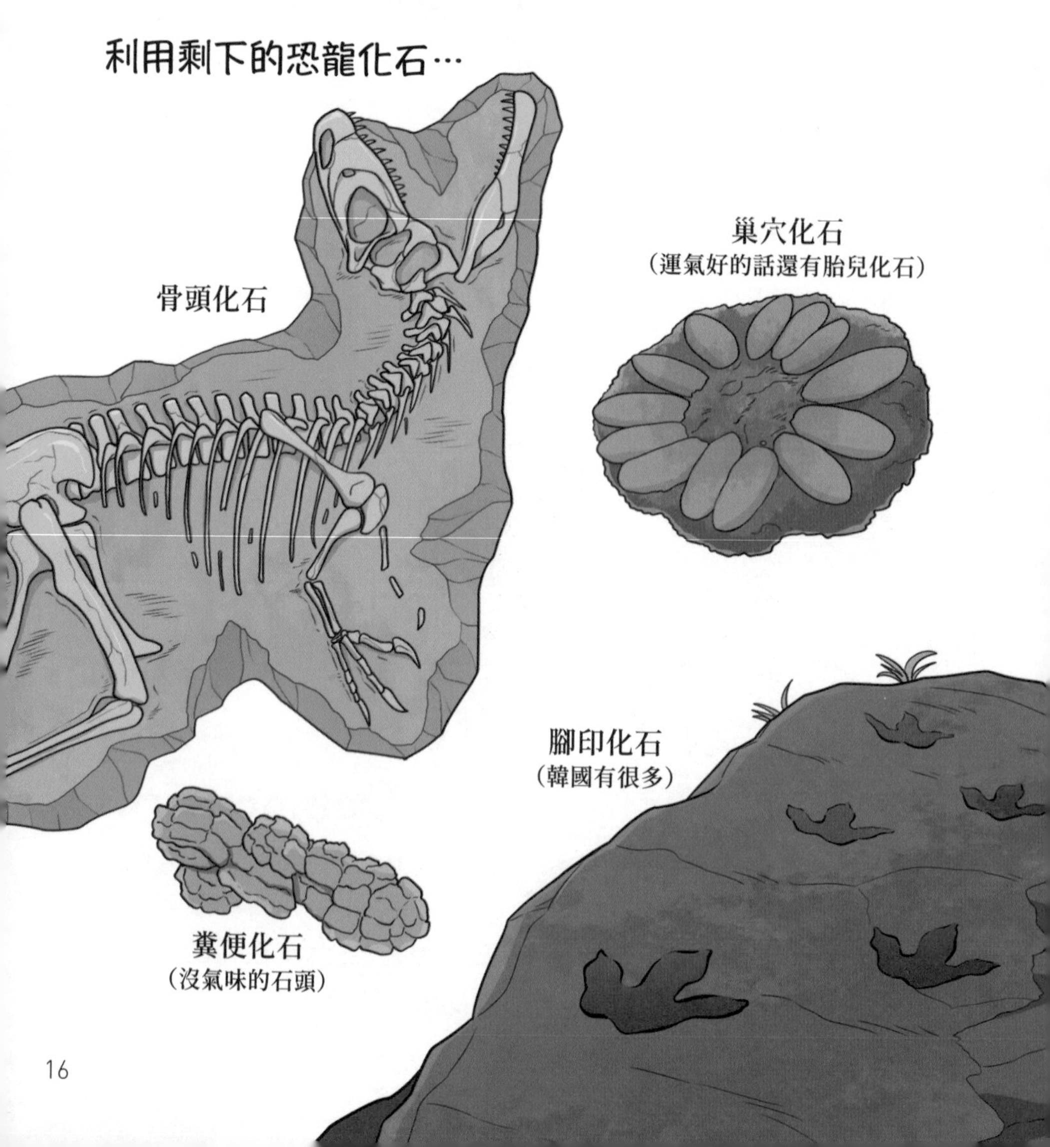

和透過至今都還存活的恐龍後裔和近親，來重建當時恐龍的樣貌和狀態。

但在有限的化石紀錄裡，
恐龍是我們絕對無法親眼觀察到的過去生物。

今天跟著我一起將與恐龍相關的事情詳細地了解，

但這並不意味著就能夠完全了解一切，也不可能。

換句話說，科學家綜合現有的資料，只是以「模型（modeling）」方式，復原最重要和複雜的恐龍樣貌。

雖然這模型非常複雜且合理，但無法保證和實際恐龍「事實」完全一樣。

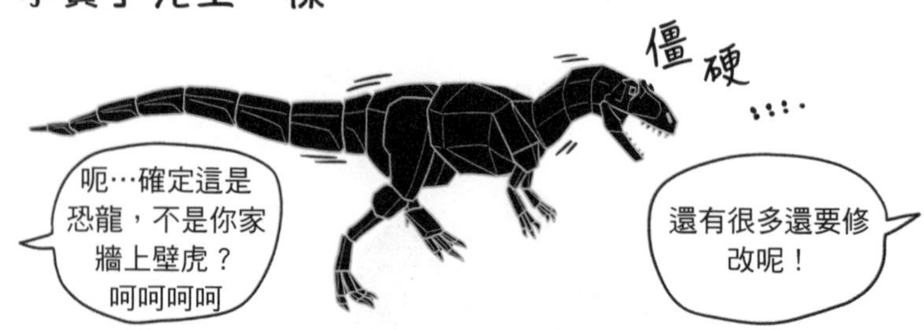

也就是說，綜觀恐龍研究歷史我們可以知道，恐龍的樣貌是一直不停在改變。

「科學是什麼呢？」對於這個問題，給出帥氣答案的人雖然非常多。

其中，廣泛流傳「modeling（模型建立）」一詞的托馬斯庫恩的主張與恐龍研究的歷史尤其契合。

模型建立是科學活動所依據的基本「框架」。

托馬斯庫恩認為，一旦建立了某種「模型」，科學家就會忠實地遵循這個模型為正統。

像拼圖一樣，他努力地融入一個固定的模型。

絕對不是這樣！
偶爾會從現存的模型中發現異常。

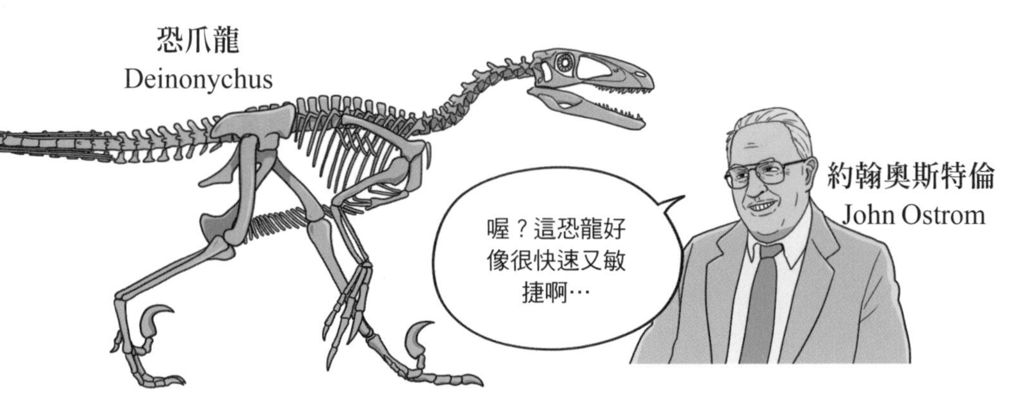

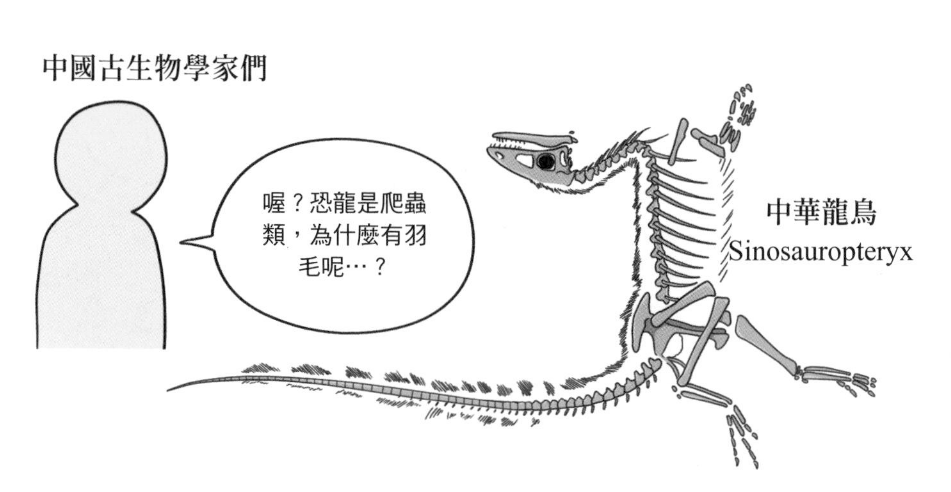

當這種異常情況累積時，現存的範例將面臨危機。

然後發生了一場建立新範例的科學革命。

關於恐龍的研究，一直不斷有新的科學研究出現，各種論點和模型也一直改變，許多之前的恐龍書籍都可以丟掉了！

所以當你看著介紹恐龍的書籍時，不要認為「這就是事實」，看著精緻的「模型」，瞭解實際上恐龍不一定是這樣（因為論點隨時都會被推翻）。

托馬斯庫恩使用模型一詞來描述科學，他說如果科學家們支持不同的理論，會使相同的證據產生不同的解釋。

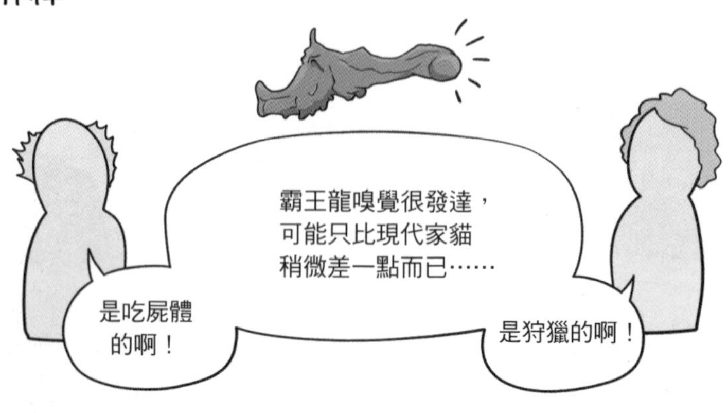

在許多恐龍研究中都能清楚看到這種現象，就是關於霸王龍有不同的論點。

延伸小知識 # 恐龍的臉頰

再提一個案例，在恐龍研究領域中，不同類型的不同模型有相同的觀察結果。恐龍的下頜肌肉及顱骨剩下的肌肉附著點，以現存動物的下頜肌肉作為參考來復原。在草食動物的經驗中，以前理所當然會以肌肉來作為「臉頰」，因為沒有臉頰的話，吃東西時食物會從旁邊漏出來。但是有一天，從草食性爬蟲類中的陸龜或鬣蜥中發現，沒有臉頰也可以用舌頭好好的吃東西。別的學者提出了另一種模型，即使是相同的頭骨，也可以在沒有臉頰的狀態下復原下頜肌肉。意思是，相同的頭骨，可以有肌肉附著的臉頰模型，也可以有沒有臉頰的模型。

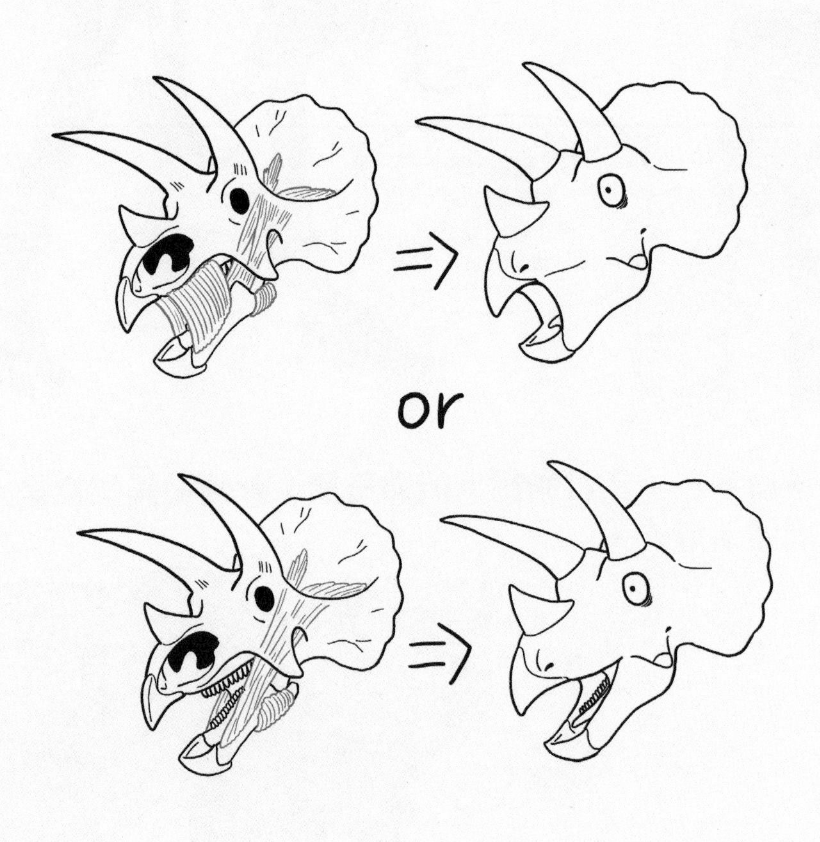

美國古生物學家史蒂芬．傑伊．古爾德，在《自達爾文以來》一書以以下句子開頭。

被命名為「暴君蜥蜴」的霸王龍，曾經被誤認為是屍體清道夫。

2話
暴君蜥蜴

冠龍Guanlong

一種生活在侏羅紀後期中，原始暴龍的獸腳亞目。

被發現跌死在馬門溪龍（Mamenchisaurus）腳印的水窪裡。

頭上的冠被假設是作為求偶用。

曾經是科學家夢想的製造工廠，《侏羅紀公園》中登場的霸王龍，

追擊吉普車的樣子，為打破關於恐龍的刻板印象做出了巨大貢獻。

不過，霸王龍在《侏羅紀公園》第三集中，被腿稍微長一點的棘龍（Spinosaurus）咬斷脖子死了。

因為提供給這部電影建議的是，美國蒙大拿州立大學古生物學家約翰霍納，他提出「霸王龍是屍體清道夫假說」。

雖然之後，霸王龍是狩獵的猛獸、還是屍體清道夫的爭論，在約翰霍納自己承認這理論是錯誤的情況下結束。

只是不管去哪，這位先生又總愛提霸王龍是完美的屍體清道夫，非常地固執。

但是透過這令人筋疲力盡的爭論，我們對於霸王龍是什麼樣的生物，就有非常詳細的了解。

在進入這場辯論之前，讓我們先來看看霸王龍的基本介紹。

霸王龍是恐龍大滅絕之前，在白堊紀末期，生活在北美洲地區的巨大食肉恐龍。

身長 11 ～ 12 公尺、體重 6 ～ 9 噸，是大概跟公車差不多大小的生命體。

最大的特徵是 D 字模樣、又大又厚又鈍的牙齒了。

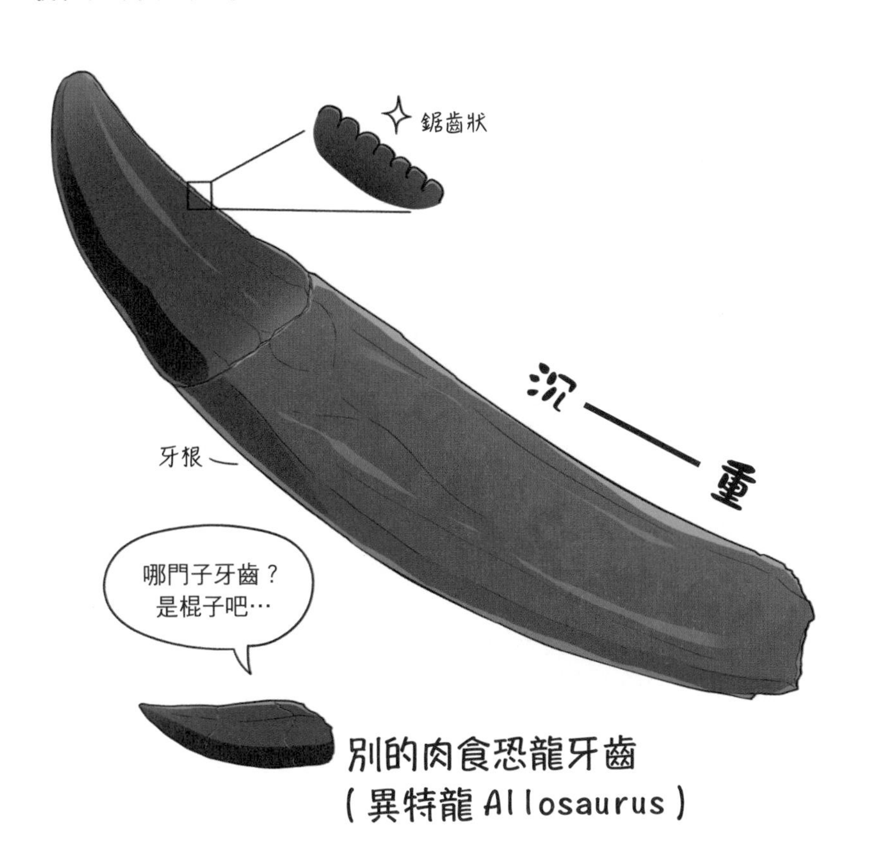

別的肉食恐龍牙齒
（異特龍 Allosaurus）

牙根約佔所有巨牙的三分之二，
牢牢地固定在下頜上。

霸王龍的下頜斷面

霸王龍的下頜非常強大有力，這是參考鳥類和鱷魚的肌肉後，復原的霸王龍下頜，

推算霸王龍咬合的力量能到達 5700 公斤。

而且，其他食肉恐龍可以稍微移動下頜中央關節來吸收震動，但是霸王龍的關節是牢牢地固定著的。

所以牠是靠大約 60 顆牙齒與 5700 公斤的咬合力，
用強壯的下頷來咀嚼骨頭進食。

這種飲食習慣，從發現跟霸王龍同時期生活的
恐龍化石，就可以得到證實。

然而霸王龍的頭骨相關研究還沒有結束。

科學家們對頭蓋骨化石進行了電腦斷層拍攝，了解生長時期並觀察腦室狀態，以 3D 方式復原了腦部構造。

透過結果還知道了，負責嗅覺的嗅覺神經區非常的發達。

如果這種霸王龍是屍體清道夫的話，那麼與現有化石證據比較後，從生態學的角度來看就會出現問題。

延伸小知識 # 霸王龍的嘴唇？

在恐龍修復的過程中，經常會出現關於嘴唇的爭論。肉食恐龍就像鱷魚一樣，沒有嘴唇且牙齒裸露？或是像蜥蜴一樣，有嘴唇將牙齒隱藏其中？而霸王龍也是無法逃脫這個爭論。主張有嘴唇一派的說法是，霸王龍頭蓋骨的嘴巴周邊皮膚等組織，在供給營養的血管上有很多標記，如果沒有嘴唇，則暴露在外的牙齒會變得脆弱且容易變乾燥。而主張沒有嘴唇一派說法是，鱷魚的頭骨上也有很多洞，但沒有嘴唇；蜥蜴嘴唇不是祖先特徵，而是蜥蜴獨立發展的特徵；和恐龍相近的鱷魚與鳥沒有嘴唇；霸王龍的上顎及下頜構造和蜥蜴不同的話，要用非常厚的下頜肉才能覆蓋住等等，用這幾點事實支撐主張。2017年，暴龍屬的懼龍（Daspletosaurus）嘴巴上覆蓋著薄薄的鱗片研究被發表出來，強化了沒有嘴唇的說法。但是，要判斷哪個是正確的仍然是一個複雜的問題。在這本漫畫出現的霸王龍是沒有嘴唇的。

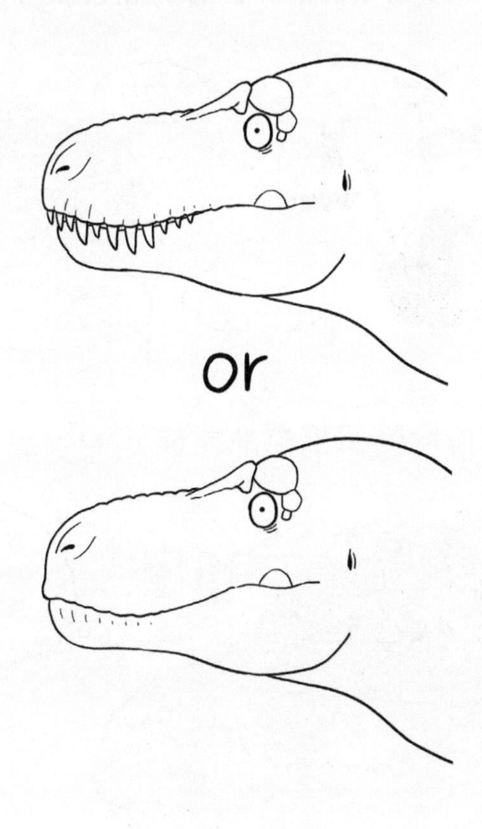

約翰霍納為什麼堅持霸王龍是屍體清道夫，我們以下面理由說明。

1. 對於尋找遠處的獵物，相對而言太小的眼睛。

2. 為了發現屍體，擁有非常發達的嗅覺。

3. 前肢太小，無法捕捉獵物。

4. 像現今的鬣狗（hyena）一樣，能夠咀嚼屍體骨頭的下頷構造。

5. 對於狩獵而言，太慢的速度。

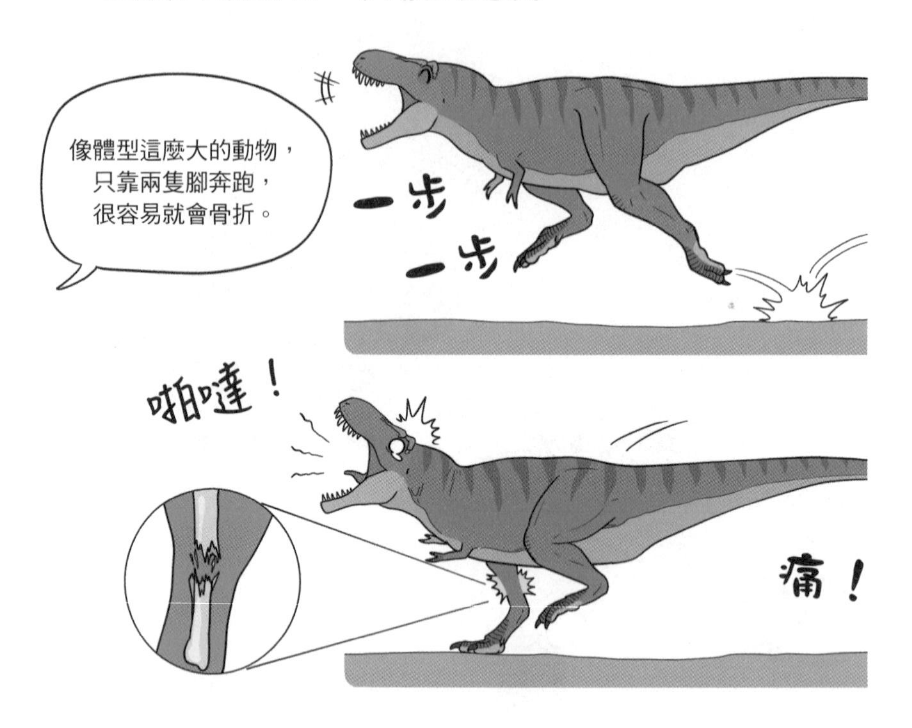

以這 5 個理由來做為霸王龍是屍體清道夫的主張。

…然而，這種主張從未被
接受。

無法獲得無數喜愛霸王龍
的古生物學家的支持，

讓這學說
像謊言
一樣慘敗。

3話

是屍體清道夫
也是狩獵者

剛剛前面所說的主張，充份被駁斥了，論證如下。

1. 雖然霸王龍的眼睛與體型相對而言較小，但絕不代表他就是「小眼睛」。

視力是人類的 13 倍，遠勝於今天的鷹類。

再來，從頭蓋骨化石可以發現，霸王龍和其他肉食恐龍不同的是，能夠確定牠的眼睛是朝向前方的。

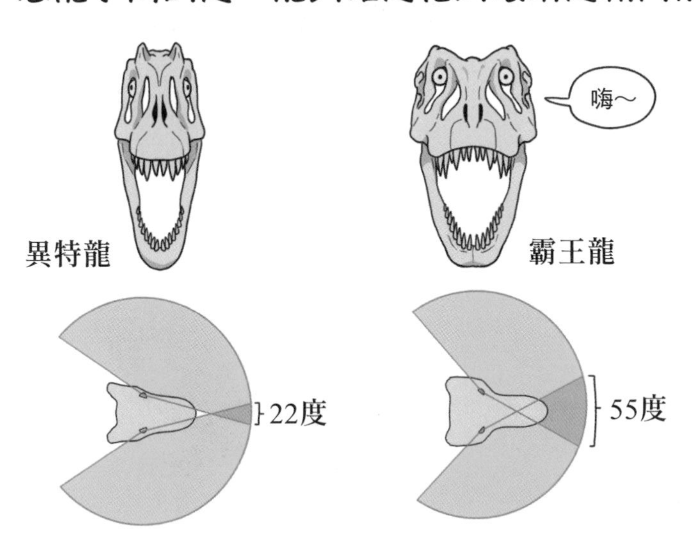

托這種構造的福，兩隻眼睛的視野有很多的重疊，基於這立體視覺讓其更能主動狩獵。

2. 因為腐肉氣味很強烈，反而不太需要過於發達的嗅覺。

倒是在尋找新鮮的肉時，才需要發達的嗅覺神經。

3. 咀嚼骨頭不是屍體清道夫的習慣。

4. 甚至不必使用手臂也可以用頭來狩獵。

5. 霸王龍不需要快速的跑動，因為當時霸王龍的獵物跑得更慢。

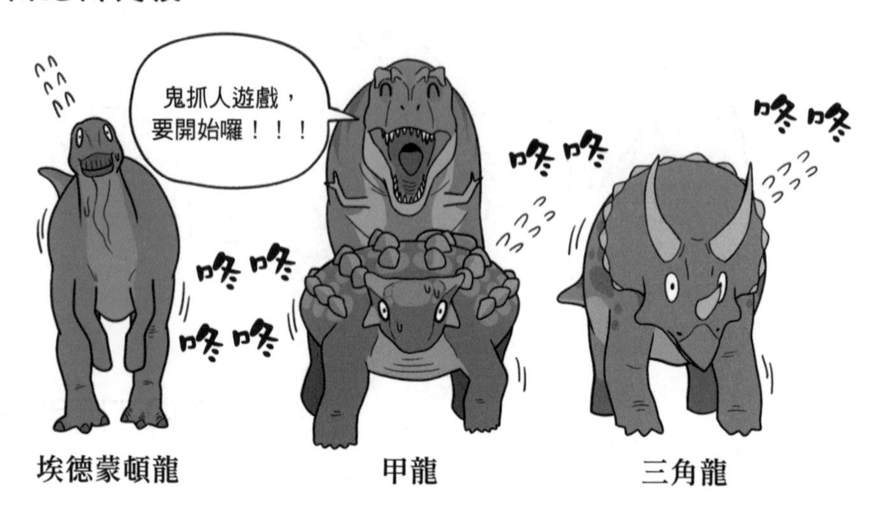

再來霸王龍雖然無法奔跑，但因為牠有長長的腿，即使慢慢地走，也可以充分地加快速度。

此外，牠也並沒有那麼慢。

在爬蟲類中出現的，連接尾巴和腿的肌肉力量，

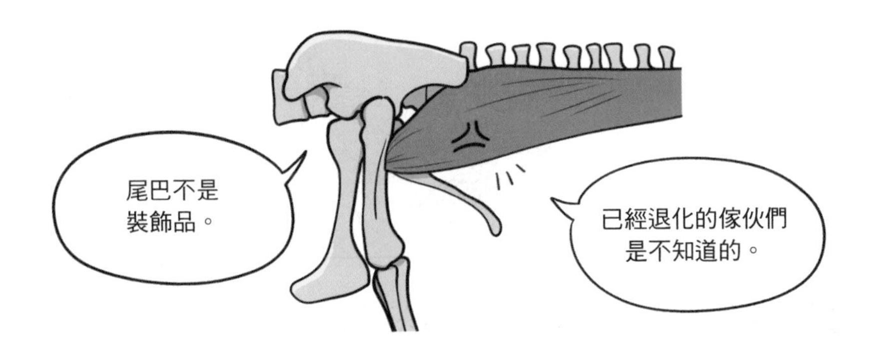

以及減少衝擊力的腿骨結構，

使牠們能夠以時速 30 ~ 40 公里的速度行走。

所以霸王龍不是只吃屍體的流浪清道夫。

之後發現被霸王龍咬過，留下傷口痕跡的草食恐龍化石。

可以肯定的是，牠是活躍的獵人。

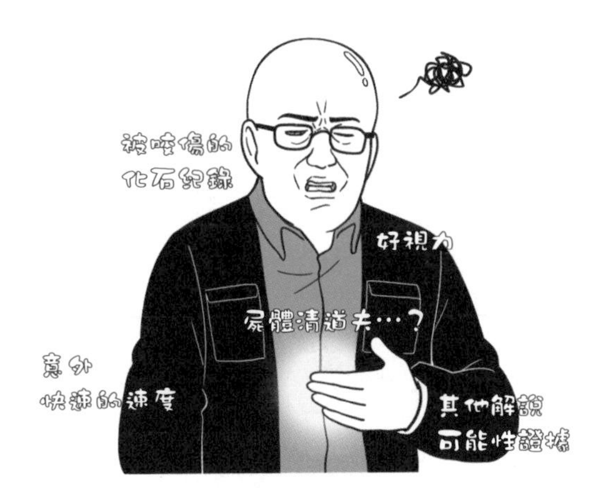

如果霸王龍是屍體清道夫的話，從生態方面的觀點解釋也就會產生問題。

在霸王龍存活時期的北美洲，大型的捕食者就只有霸王龍一種。

所以如果霸王龍不進行捕獵的話，大型草食動物的個體數量就無法受到控制，

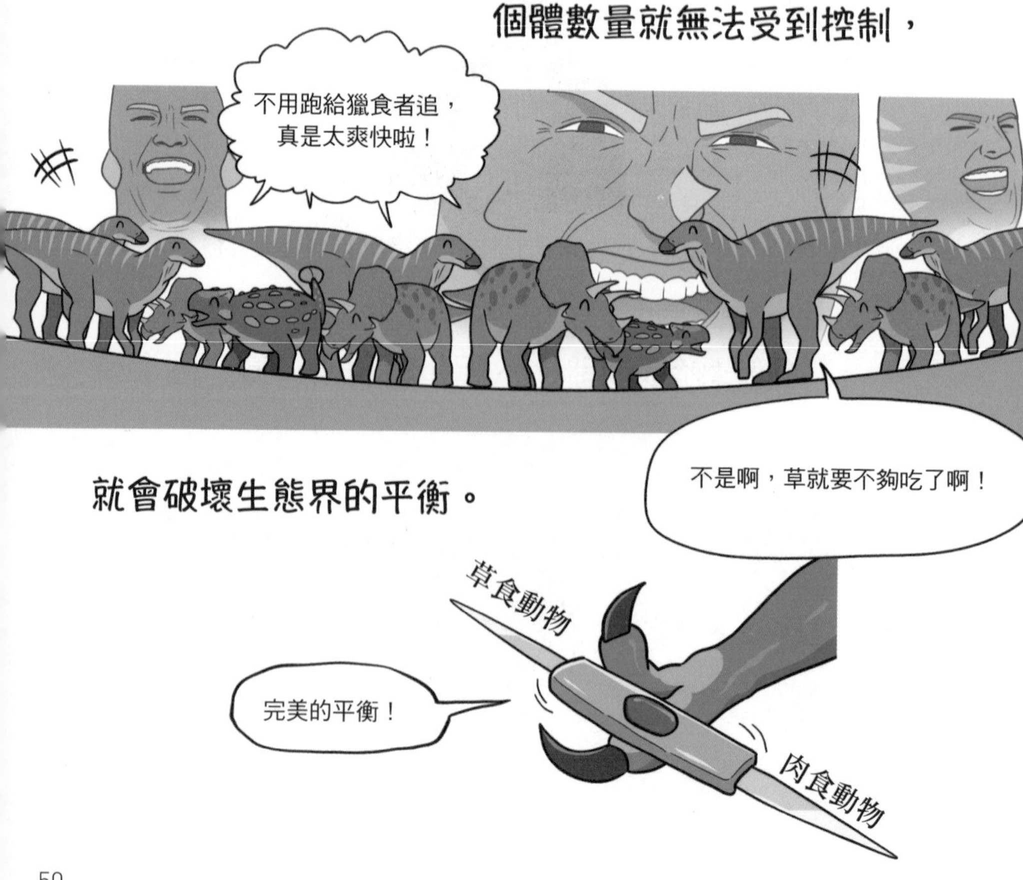

就會破壞生態界的平衡。

而且只吃屍體，化石紀錄上的霸王龍個體數量也太多了。

排除種種例外，現在大多數肉食動物，進食都是靠狩獵和吃屍體兩種方法。

霸王龍能狩獵時就狩獵，有還能吃的屍體時就吃，適時地調整生活。

延伸小知識＃模仿霸王龍的正確示範

•霸王龍沒有聲帶所以無法咆哮，把嘴巴整個閉上也只有空氣吐出。

•倘好沒有嘴唇假說的話，就露出你的門牙。

•成體狀況是沒有羽毛的，若你頂上無毛的話更能正確的考證。

•用可以彎腰的上半身維持和地面平行的狀態。

•可以收起手指的話，為了讓第二根手指看起來較長，請張開大姆指跟食指。

•踮起腳掌只用腳趾頭支撐。

延伸小知識 # 霸王龍的咆哮？

通常看到前面那張圖後都會有這個問題，「你說霸王龍因為沒有聲帶，所以沒辦法咆哮？！」包含霸王龍在內的所有恐龍都沒有聲帶的，所以沒有辦法像電影那樣震撼怒吼，因此猜測牠會閉著嘴，發出低沉的顫抖聲。目前科學家有利用現存的恐龍近親，鱷魚和白鷺的資料來復原霸王龍叫聲的研究結果，低沉吼叫聲非常恐怖，從Youtube等平台搜尋的話，就可以親耳聽到。

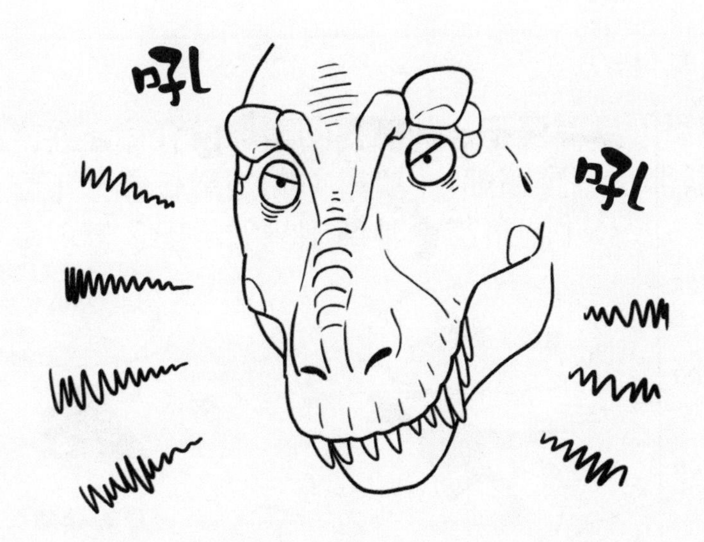

切斷恐龍骨頭化石的話，就可以知道恐龍的年紀跟成長速度。

霸王龍比起其他恐龍，表現出快速的成長曲線，

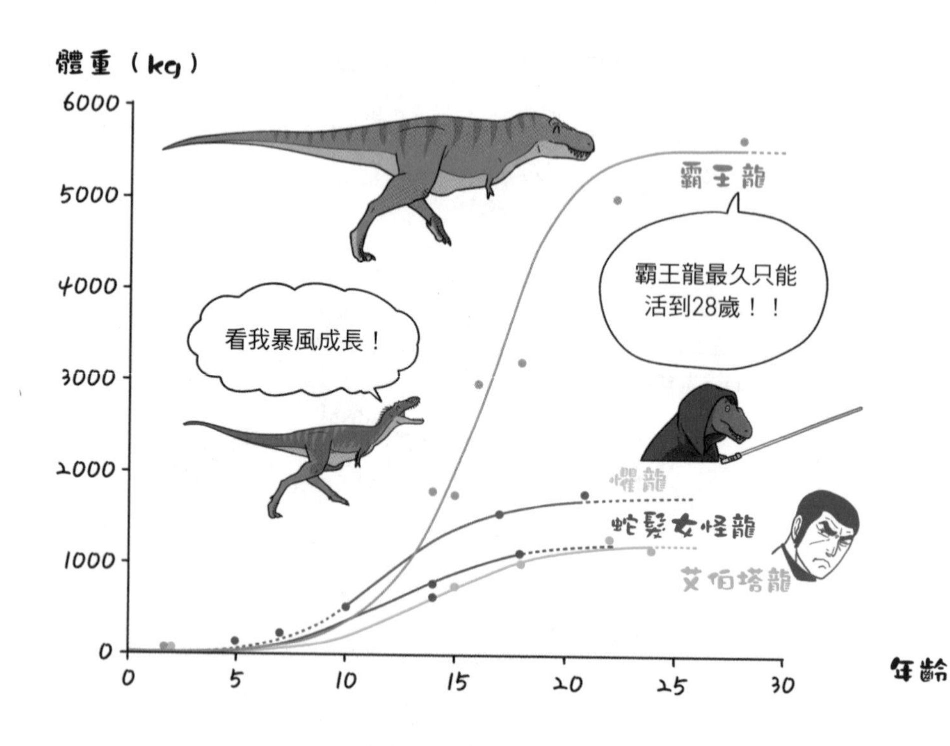

其原因可以從生態方面獲得解答。

4話
按年齡劃分的生態位置

正在顧蛋的霸王龍

雖然推測霸王龍也像其他恐龍一樣會築巢，但至今尚未發現其巢穴的化石。

推測剛從蛋中破殼而出的霸王龍新生兒，
有著蓬鬆蓬鬆用來保溫的羽毛。

幼齡的霸王龍和成年的樣子不同，體型更細長。

霸王龍在出生後的 10 ～ 15 年會突然快速成長，

過了 20 年就是成年體。

總歸一句話，霸王龍跟其他恐龍不同的是，牠需要經歷長時間的幼年期。

這種現象的成因，能在霸王龍所屬的生態界中找得解答。

霸王龍所屬的生態界中，
有很多大大小小的草食恐龍。

一般而言，生態界中的草食恐龍，會被肉食恐龍捕食。

在霸王龍所屬的生態界中，像其一樣程度的捕食者就只有霸王龍。

換句話說，霸王龍在捕獵巨大且緩慢的草食恐龍時，

幼年霸王龍用 1 噸左右輕盈的體重，加上時速 50 公里的速度快速移動捕捉，

成年霸王龍無法捕捉到中型且跑得快的草食恐龍。

不同年齡的個體，享有不同的生態地位。

因此推測年輕的暴龍度過了漫長的童年，以履行其生態角色。

有時甚至會出現幼齡與成年的
霸王龍合體捕獵的情況。

什麼？霸王龍是吃屍體的啦！

叔叔…

在加拿大發現，有 3 隻霸王龍捕獵鴨嘴龍（Hadrosaurus）時，產生的腳印化石。

再來，在霸王龍的化石中發現，有很多被其他的霸王龍咬過的痕跡。

看來霸王龍組織狩獵活動就像鱷魚一樣，成群狩獵完後，就再次分開生活的可能性很高。

延伸小知識 # 霸王龍的社會性？

在屬於暴龍科的艾伯塔龍化石中，發現了艾伯塔龍脛骨斷裂的痕跡。在肉食恐龍的經驗中，脛骨斷裂就不可能主動狩獵，但發現了癒合骨骼的痕跡後，猜測牠又存活了相當長一段時間，也許受傷的艾伯塔龍是被其牠個體攻擊的呢？再者，也有在其它化石中發現有26隻艾伯塔龍集體行動的案例。這案例讓人推測霸王龍是有某種程度的社會性。

延伸小知識 # 矮暴龍爭論

有一種叫做矮暴龍的靈活小型恐龍，與霸王龍是不同的物種，可能是霸王龍的亞成體（介於幼體和成體之間）的爭論非常多。主張矮暴龍是另一物種，是因為它有著比成體還要多的牙齒數量，成年階段的骨骼，經常出現骨頭融合的情形。另一邊主張矮暴龍是霸王龍的亞成體的指出，同樣是暴龍屬的蛇髮女怪龍已經是成體，但牠的牙齒數量確認有減少的現象，以及在成體很難看到這樣骨頭的融合程度。近期較多是視矮暴龍為霸王龍的亞成體為主流。2006年，有和角龍類打架後死去的暴龍類化石被發現，做為解決這一爭議的關鍵證據，引起了人們的關注。但是這化石被拍賣後歸個人所有，以致於眾人期望的研究無法實現，讓這爭論又再次陷入了混亂之中。本漫畫中的矮暴龍是將其視為暴龍的亞成體。

2億2千8百萬年前，在三疊紀登場的恐龍…

到白堊紀末期滅絕，

在1億6千3百萬年間，以各式各樣的樣貌，在中生代生態界裡完成了巨大的進化。

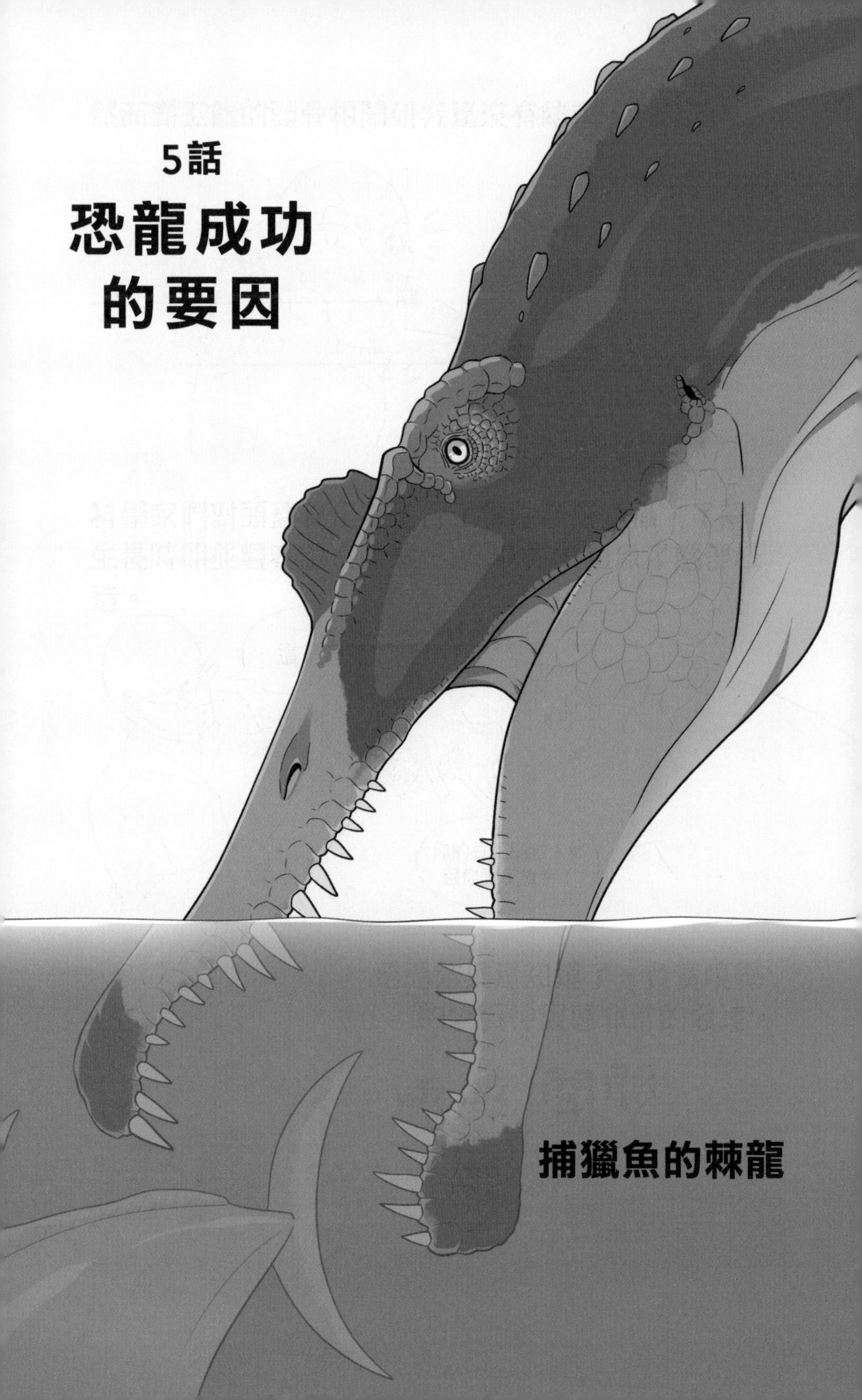

5話

恐龍成功的要因

捕獵魚的棘龍

古生物學家們到現在為止，發現的恐龍大約估計有600至1200種。

正如化石記錄所顯示，恐龍的發展非常成功。

而不同的學者對其成功的原因有不同的解釋，有的認為是恐龍的內在優勢，有的認為是外部因素所致。

從恐龍最早登場的伊斯基瓜拉斯托地層看來，

恐龍在當時僅佔動物種類的5.7%，換句話說，當恐龍第一次出現時，並沒有什麼看頭。

當時多樣的
陸地動物們

但在三疊紀後期恐龍越來越多。

侏羅紀時，恐龍完全將地球吞沒。

一開始科學家們將這種現象，以「這是恐龍的優越性所引起無法避免的結果」來說明。

區分恐龍與其他爬行動物差異的顯著特徵，是牠們的腿是筆直向下的。

像鱷魚一樣，爬蟲類的腿是從身體旁邊延伸出，拖著肚子移動。

恐龍特別的是有雙修長而筆直向下的腿。

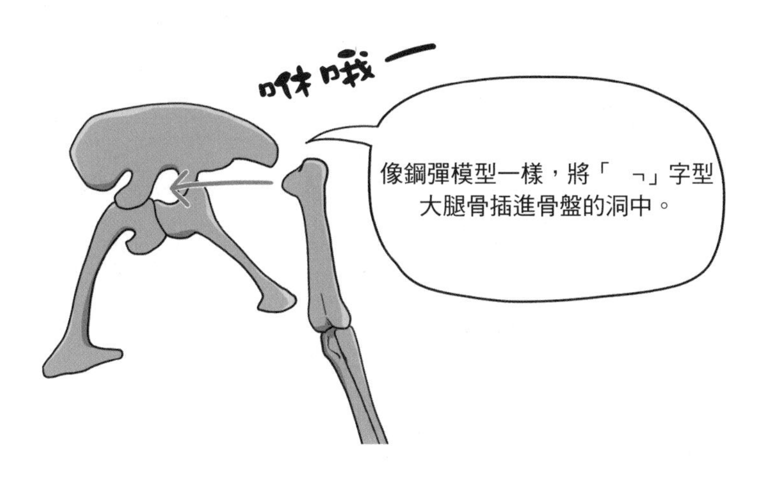

也因此，恐龍相較於其他爬蟲類有更寬的步伐，移動得更加快速。

此外，有著筆直雙腿的身體，跟其他爬蟲類相比肺活量更大。

這些恐龍與生俱來的「優越性」，被解釋為牠們成功的「必然」因素。

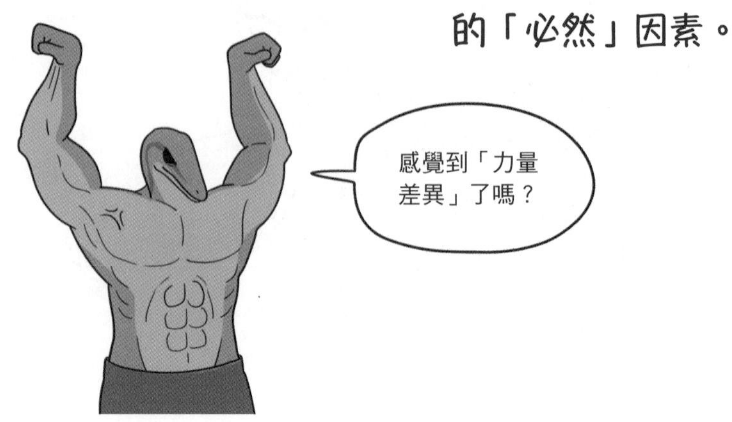

但是，也有必要看看「偶然」創造的環境因素。

實際上，恐龍在三疊紀後期經歷兩次大滅絕，並在侏羅紀後爆發性的登場。

就像所有大滅絕那樣，氣候變化、隕石變化、環境變化等等的原因，造成生物大規模滅絕。

其他生物進入爆發性進化以填補空白，這稱之為「自適應耗散」。

陸地上的恐龍滅絕後，哺乳類填補了這個位置。

海中的海洋爬蟲類滅絕後，海洋哺乳類也一樣填補了這個位置。

換句話說，恐龍在三疊紀後期，兩次大滅絕時「偶然」地運氣好生存下來，就是一種自適應耗散。

也就是在侏羅紀時，可以爆發性進化的意思。

當然，在三疊紀晚期乾燥貧瘠的氣候中，恐龍的快速活動和高效的呼吸結構，成為一個巨大的優勢。

換句話說，恐龍的成功，「偶然」事件的發生成為「必然」的原因。

延伸小知識＃恐龍之前的生物

在恐龍統治的中生代之前，也曾有過巨型四足動物統治地球的時期，其中有原始合弓類。合弓類的眼睛後方有一個孔，下巴肌肉透過該孔附著，當時的合弓類非常類似爬蟲類的樣子，但事實上更接近現在的哺乳類動物。合弓類曾經被認為是爬蟲類，並且經常看到將它們介紹為哺乳類型爬蟲類的書籍。但現在它們屬於完全不同的分類群，只是它們與爬行動物有共同的祖先（羊膜類），現在的哺乳類也包含在合弓類中。在古生代石炭紀，一種名為蛇齒龍（Ophiacodon）的合弓類動物，高3.6公尺，是很活躍的捕食者，而也有一種名為異齒龍（Dimetrodon）類似大小的合弓類動物，在古生代二疊紀活躍。當然草食性合弓類動物也十分繁榮，特別是古生代二疊紀後期開始到中生代三疊紀前期，生活在熱帶地區和極地地區的水龍獸（Lystrosaurus），以其驚人的數量而聞名。水龍獸一直存活到二疊紀大滅絕，大滅絕之後不久，牠們在當時仍然是陸地上占比最多的動物。雖然合弓類在中生代到三疊紀前期非常繁榮，後期則被包含恐龍在內的各種爬蟲類支配而漸漸衰退。但在新生代出來後，很多爬蟲類滅絕，屬於合弓類一部分的哺乳類就繁榮了起來。

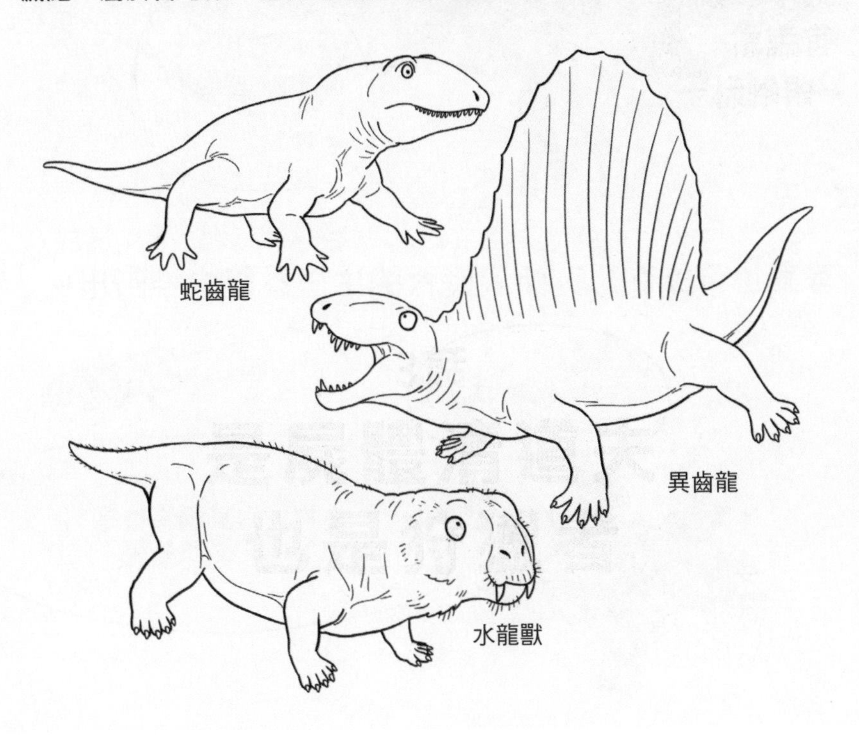

從博物館展示的恐龍模型，
可以知道恐龍真的好巨大。

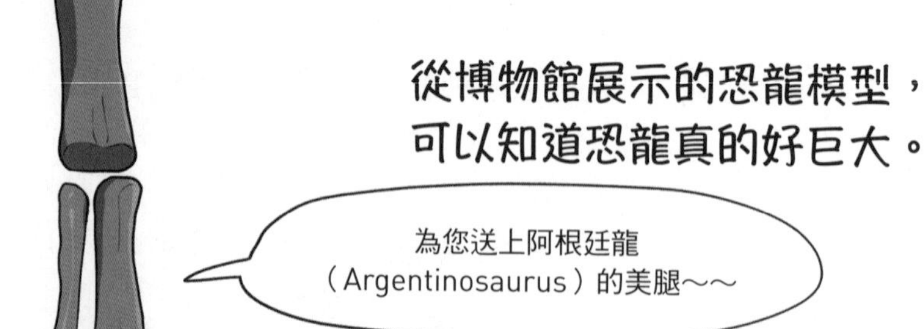

為什麼恐龍這麼大呢？又是怎麼長大的呢？

答案也可以從恐龍所屬時代的生態系統中推斷出。

6話
恐龍的巨大化

霸王龍的胚胎

恐龍雖然巨大，但與身型相比，蛋顯得相當迷你。

古生代末，大大小小的陸地聚集在一起，形成了超大陸—「盤古大陸」。

這過程之中，大規模的火山爆發，地球產生溫室效應使地球暖化。

隨著甲烷氣體從海中洩漏出來，氧氣變得越來越少，有毒物質充滿了大氣。

這結果，造成地球生態界中 96% 的生物滅絕，古生代結束後，以「二疊紀大滅絕」為人所知的中生代便開始了。

這之後的中生代，為了在氧氣不足的環境中生存，

有些恐龍製造了與整個身體肺部相連的氣囊，以有效地利用氧氣。

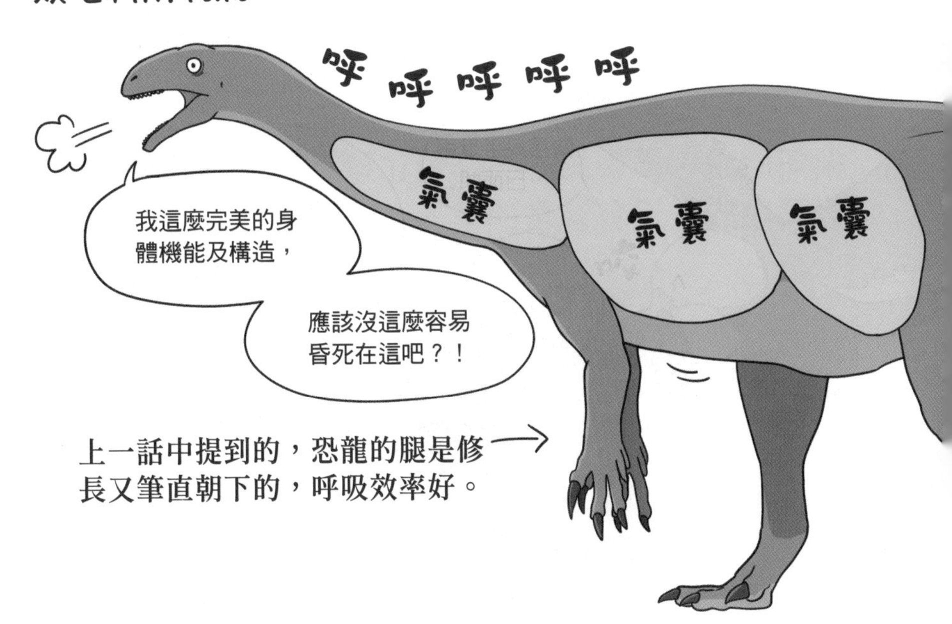

至今鳥類都繼承了這種構造，仍然好好的活用。

二疊紀大滅絕的後遺症，在植物身上也有出現，在高濃度二氧化碳環境中生存的植物，氮含量降低。

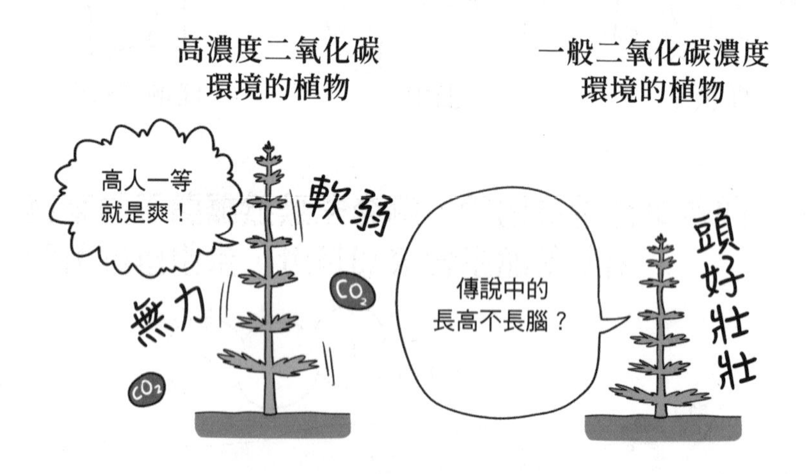

換句話說，三疊紀的高二氧化碳濃度，將當時的植物轉化成了沒有營養的草。

此外，到三疊紀晚期，植物的外殼開始比以前更堅韌，並裝配了刺和毒性等防禦系統。

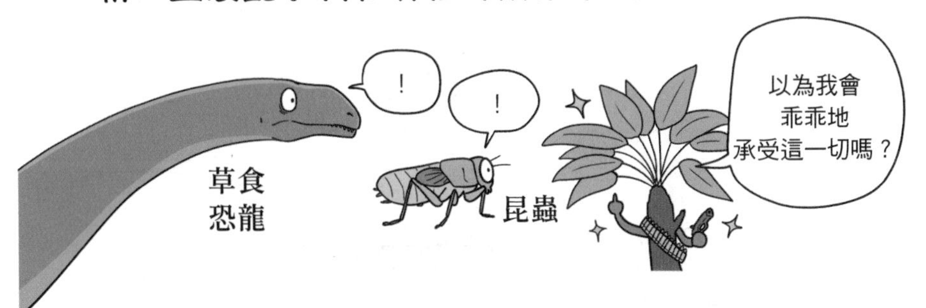

而恐龍為了充份的攝取營養，只能吃更多更多沒有什麼營養的草。

長長的腸道，更有利於分解堅韌的植物。

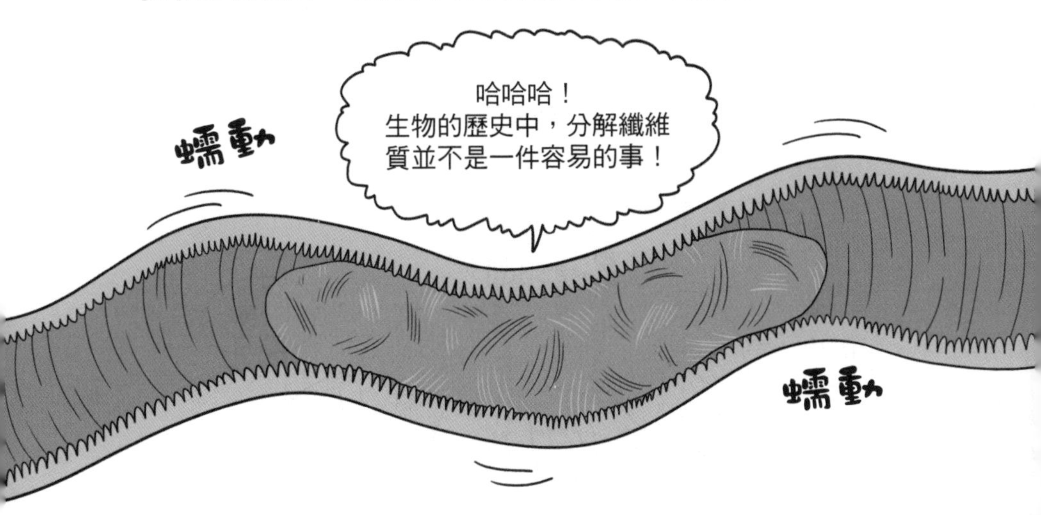

恐龍為了吃沒有什麼營養又耐咬的植物，需要又長又大的腸子，因此只能將身型變大了。

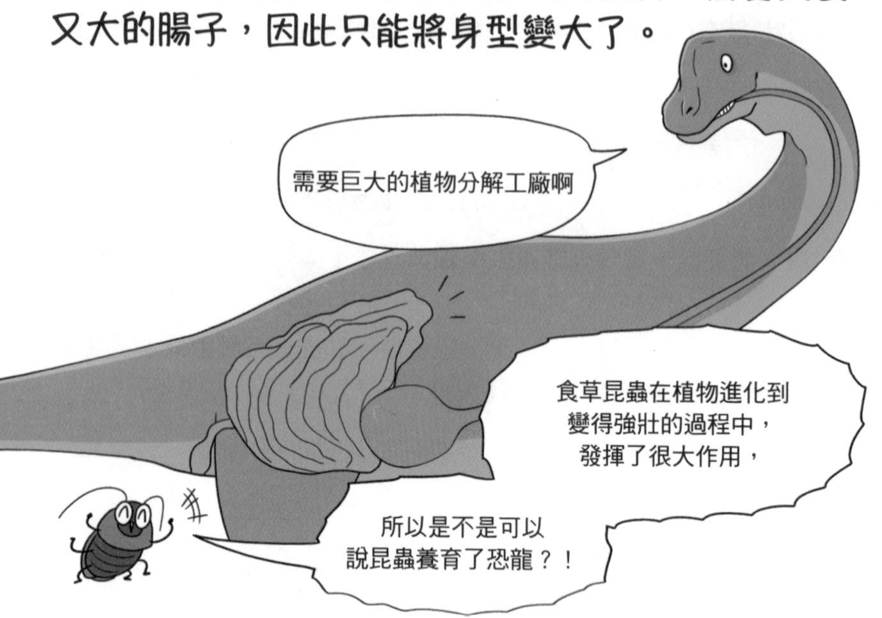

但巨大化的過程中，漸漸變重的恐龍，在活動時就需要消耗更多能量。

所以可能的話，最好能輕鬆地定點站著、伸長脖子，儘量多吃一點植物。

而且因為植物為了行光合作用，為了爭取更多的光線也會互相競爭，漸漸的也越來越高。

脖子長的話，就可以吃到位置高的植物。

身體因為脖子變長，為了平衡，尾巴也變長，整體變得更加巨大。

但若巨大到某種程度，會無法負荷身體重量。

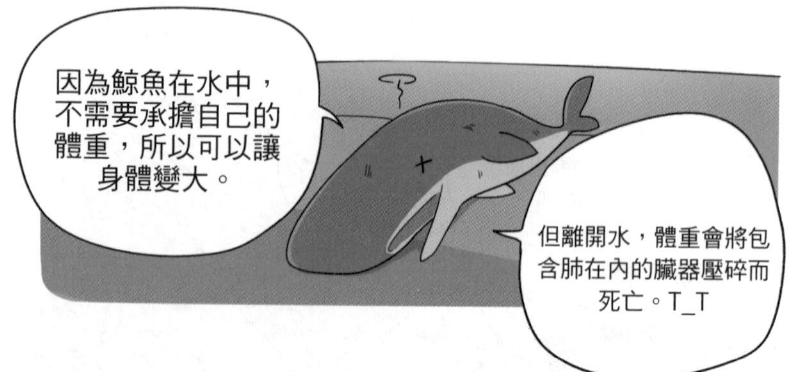

托為了在低氧環境中生存，使全身遍布氣囊，恐龍的身體變得更輕更大。

草食恐龍是這樣變大的，而肉食恐龍也是。

侏羅紀時期開始了巨型恐龍的時代，

雖然體型龐大的優點在某種程度上，為恐龍的成功做出貢獻。

但卻也是足以觸發滅絕的缺點。

當然也不是所有恐龍的身型都這麼巨大，體型小的恐龍也很多。

每種體型的恐龍都享有自己的生態地位。

延伸小知識 # 無法變大的恐龍蛋

雖然恐龍非常巨大，但恐龍蛋卻無法按其比例變大。蛋的體積越大，其構造就必須將蛋殼變得更厚，蛋殼變厚的話，表面用於氣體交換的無數細小氣孔的間距變得更長，使蛋中的胚胎難以呼吸。此外也提高了未來幼體破殼而出的難度，所以恐龍蛋跟恐龍體型相比很小。但最近從恐龍的生長曲線研究中發現，事實上恐龍的平均壽命大約只有30～40年，意外的短命。如果牠們幼年時體型小、成年時體型大，壽命卻很短，那麼可以斷定牠們自然有一個爆發性的生長期。

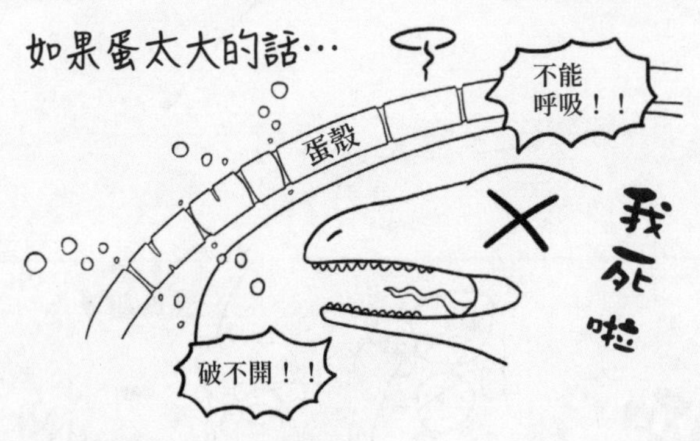

延伸小知識 # 第2個腦？

有個經常聽到的說法，恐龍是如此巨大，所以牠們為了好好的移動身體，在骨盆中有第2個大腦。在某一本小孩看的恐龍書中，看到這個我們沒聽過的衝擊性討論，但事實並非如此。雖然在骨盆附近的椎骨實際上有發現一個空間，這空間的名字是「糖原體」，還未十分確定其機能，在現今的鳥類中也能發現這個空間。

延伸小知識 # 異特龍的狩獵法

異特龍的狩獵方式很獨特。8～10公尺高的異特龍，是一種體型巨大的肉食恐龍，但咬合力只有300公斤，與其他類似體型的恐龍相比弱了許多，跟人類差不多大的恐手龍咬合力就有1,400公斤。但是異特龍的嘴可以張得非常大，還有強力的脖子肌肉和結實的上顎，於是他們張大嘴巴，然後用他們強壯的頸部肌肉，像斧頭一樣用牠們的上顎來狩獵。

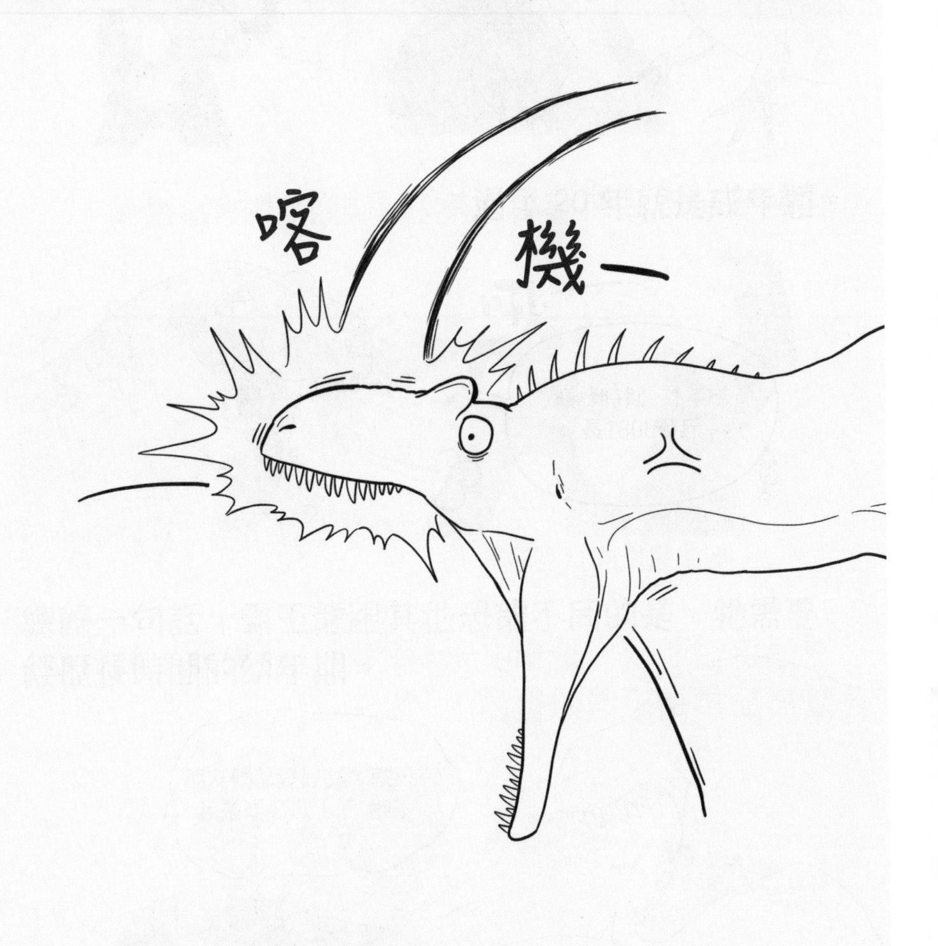

◀一群異特龍在一群梁龍（Diplodocus）中攻擊他們的幼龍

1859 年，查爾斯．達爾文在《物種起源》中引入進化論幾年之後，

在德國發現同時擁有恐龍和鳥類特徵的始祖鳥。

無法想像的真實樣貌

透過這個發現，達爾文最好的朋友托馬斯．赫胥黎聲稱鳥類是恐龍的後裔。

7話
恐龍復興
骨骼和進化

鳥類有稱為蝶骨的獨特骨骼構造。

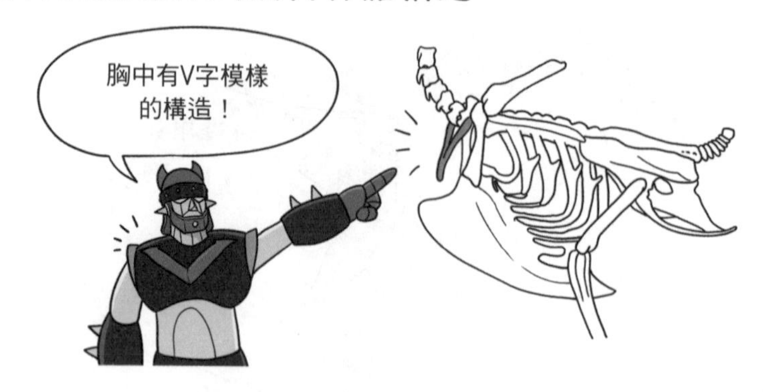

蝶骨只在鳥類中發現，附有肌腱，以幫助拍打翅膀。

但是因為恐龍沒有蝶骨，在 1926 年，將「鳥是恐龍的後裔」的假說廢除了。

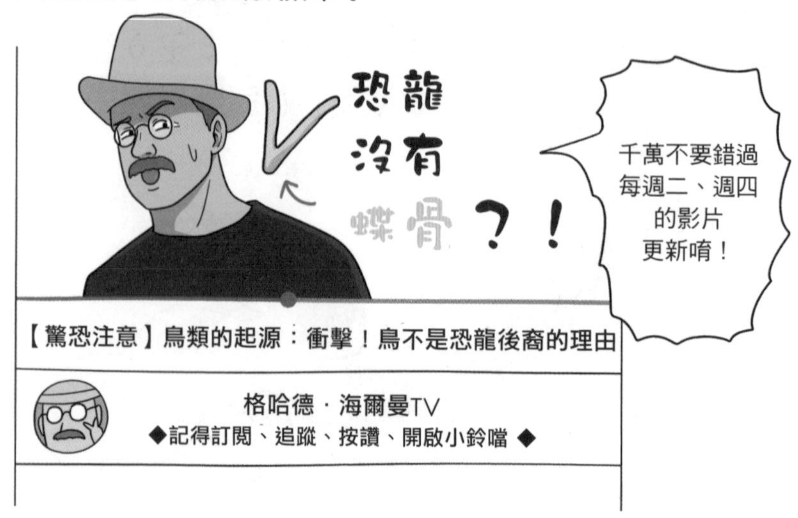

所以過去古生物學者們認為，恐龍與鳥類無關，是緩慢、行動遲緩的爬行類。

之後，在 1969 年某恐龍被發現之前，恐龍大多是以笨拙且緩慢的冰冷爬蟲類模樣來復原。

霸王龍挺直背脊，拖著沉重的尾巴。

甚至長頸恐龍因為太巨大，在陸地上沒辦法承受自己的體重，所以採用在水中生活的模樣來復原。

但在 1964 年，古生物學家約翰．奧斯特羅姆發現了奇怪的恐龍。

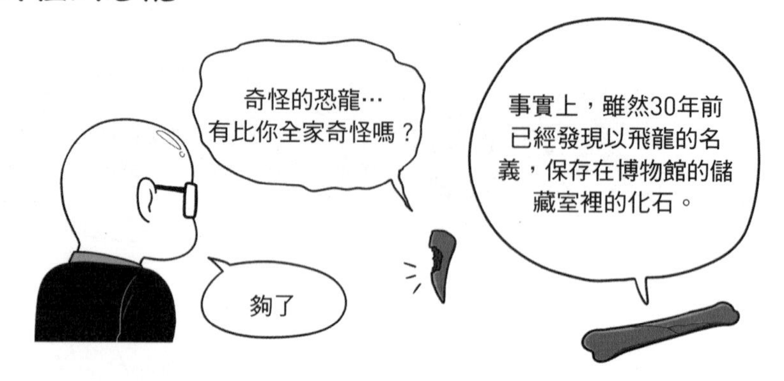

這些恐龍是集體被發現的，就像巨大的草食恐龍被成群狩獵的樣子。

而且與之前關於恐龍的預測相反，它的四肢細長，似乎行動非常迅速。

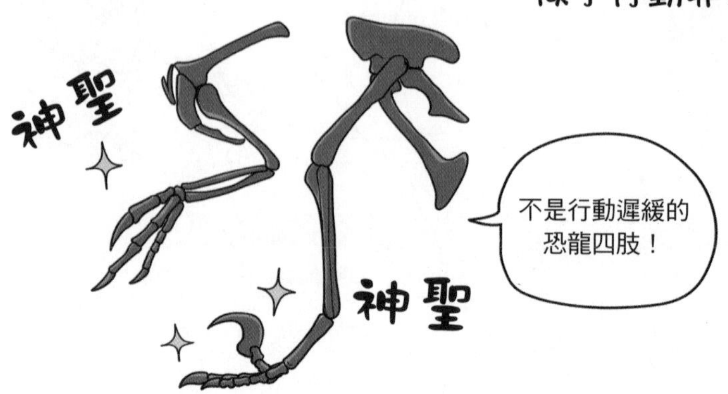

尾巴骨頭尖挺地固定著，並不會在地上拖著走。

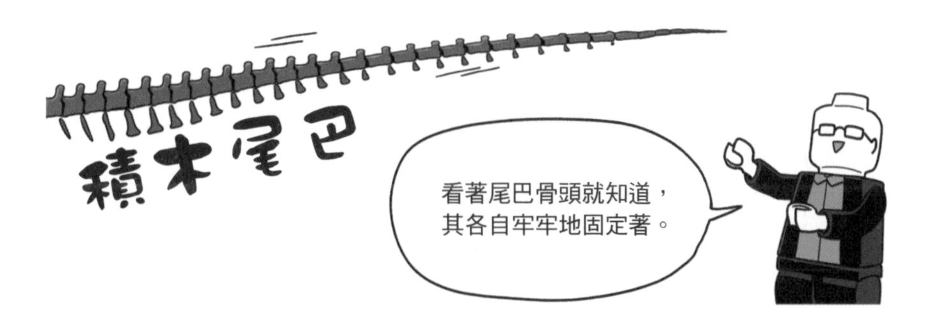

並從特有的第二隻腳趾汲取靈感，取名為有「恐怖的腳趾」意思的「恐手龍」。

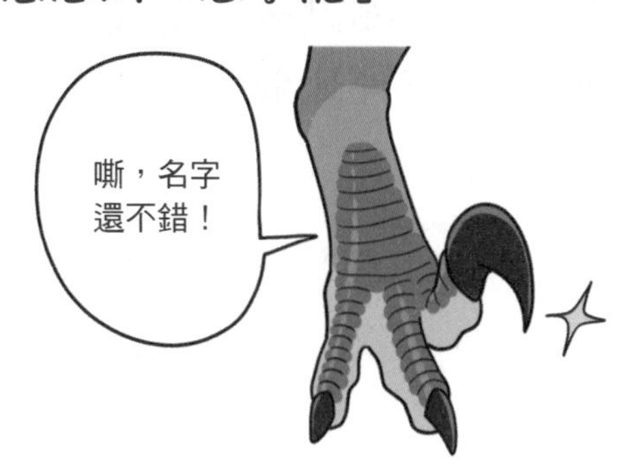

這些恐龍提供了一個完全不同的視角，從原本看起來遲頓、緩慢和呆傻的恐龍，變成敏捷和集體狩獵的動物。

但有一點更特別，恐手龍的骨骼跟鳥類非常相似。

約翰・奧斯特羅姆剛好有機會研究始祖鳥的骨骼，將恐龍、始祖鳥和鳥類骨骼比較之後。

認定鳥是由恐龍進化的，100 年前由托馬斯赫胥黎提出的假說又復活了。

之後鳥類和恐龍之間的相似之處，被發現已超過100 處，鳥類由恐龍進化而來的假設被廣泛接受。

那麼當時將赫胥黎假說廢棄，以「鳥類有蝶骨，而恐龍沒有蝶骨」的主張，又怎麼反駁呢？

答案很簡單，恐龍也有蝶骨。

蝶骨在海爾曼主張「恐龍沒有蝶骨」的兩年前，就已經發現了。

在知道蝶骨的存在後，重新觀察恐龍骨頭。包括恐手龍在內，從霸王龍開始到原始肉食恐龍的腔骨龍（Coelophysis），甚至是脖子長的恐龍都有蝶骨。

這並不是說他們為了要飛行，所以才有蝶骨。

生物的進化一直都是這樣，有著別的用途的器官，今日被鳥類拿來做為飛行使用而已。

就這樣，在尋找恐龍和鳥類的相似之處，研究它們的進化史的同時…

約翰．奧斯特倫的弟子羅伯特巴克，帶來了創新的假說，為恐龍提出了嶄新的論點。

就是…恐龍是活躍的「溫血動物」的主張。

延伸小知識 # 恐龍的手腕

電影、遊戲或漫畫中所描寫的恐龍，經常是手掌朝向肚子的方向，事實上恐龍的手掌是朝著彼此手掌的方向，像恐手龍一樣，特別是手盜龍更是如此，因為牠們的手腕骨呈半月形，而草食恐龍的腳印痕跡對比後，某種程度可以看出掌心相對的角度有所不同。

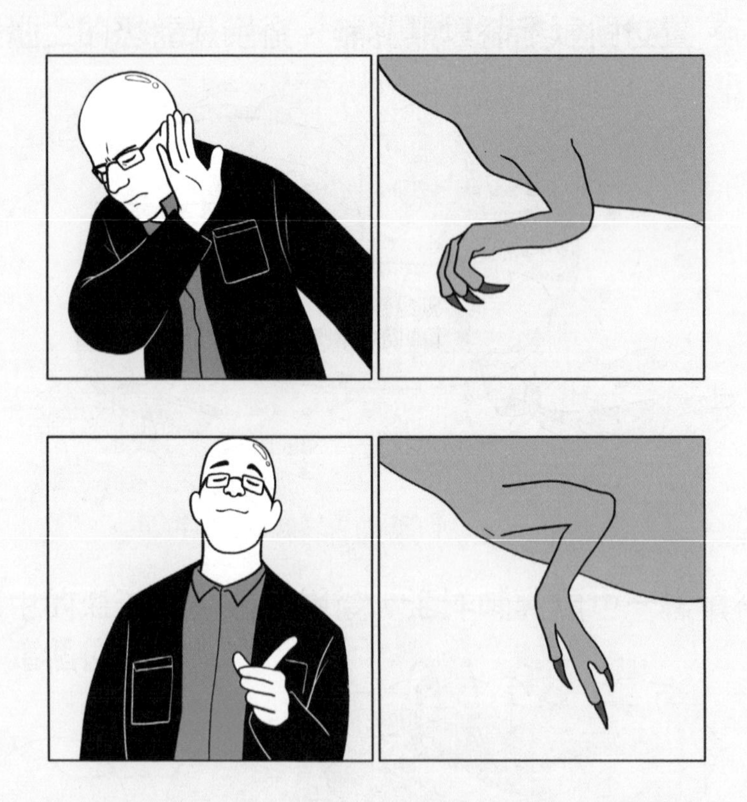

延伸小知識 # 堅挺的尾巴

恐龍的尾巴骨頭很硬，因為牠們的尾骨嚙合在一起，甚至有些恐龍有肌腱，使尾巴更加堅硬。禽龍(Iguanodon)的脊柱與尾巴由骨化肌腱支撐，禽龍與較晚期的近親鴨嘴龍類，在身體結構上相差不大。牠們的身體與地面平行，而手臂則處於隨時支撐身體的狀態。但在 19世紀時，比利時皇家自然歷史博物館在復原禽龍過程時發生問題。比利時皇家自然歷史博物館中的禽龍，上半身是直立的姿勢，並將禽龍尾巴彎曲，如果禽龍的尾巴以類似沙袋鼠或袋鼠的姿勢彎曲，牠們的尾巴將會斷裂。當時博物館的科學家，是根據自己想要的姿勢將尾骨不合理的拆斷後，將禽龍上半身直立起來， 並以拖曳尾巴的方式來復原，所以當時的恐龍復原都像是酷斯拉一樣，抬著上半身，拖曳著尾巴的模樣來呈現。之後在20世紀中後半時期，才揭開了復原姿勢錯誤的事實。至今比利時皇家自然歷史博物館依然展示著拖著尾巴錯誤姿勢的禽龍，就是為了不要忘記當時的失誤而繼續展示著。

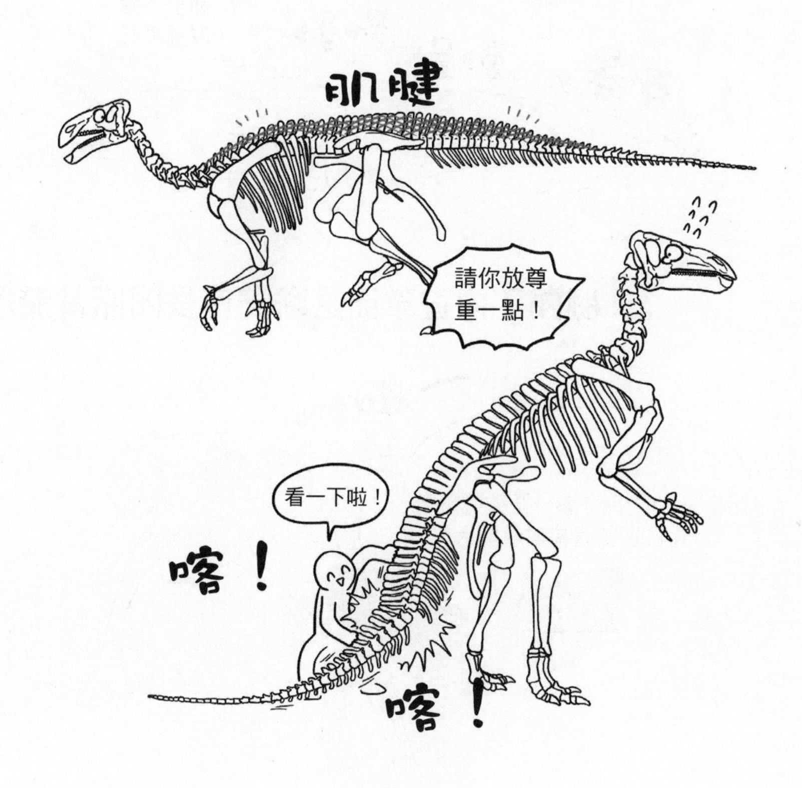

在研究鳥為恐龍進化的同時，羅伯特巴克提出了恐龍和鳥類一樣，都是溫血動物的論點。

沒辦法維持體溫的冷血動物行動緩慢笨拙，相反的，可以維持體溫的溫血動物行動較靈活敏捷。

因此有恐龍是溫血動物，能像溫血動物那般活動敏捷的創新假說。

8話

恐龍復興
體溫和活動

睡覺的鸚鵡嘴龍
(Psittacosaurus)

牠是第一個被發現有羽毛的鳥腳類恐龍，
也是第一個揭曉皮膚顏色的恐龍。

巴克用以下幾點理由，提出恐龍是溫血動物的假說。

首先，所有活躍的溫血動物，腿都是筆直朝下伸直的。

像恐手龍能夠快速移動，或是為了要將血液傳送到頭上的長頸龍，都是因為溫血動物特有的「超強功能心臟」。

再來，從恐龍在冰冷的極地地區被發現這點來看，應該也是可以維持溫暖的體溫。

而且，恐龍實際上是暴風成長的，像這種爆發程度的代謝，只有溫血動物才有可能做到。

而且，肉食恐龍數量明顯比草食恐龍來得少。

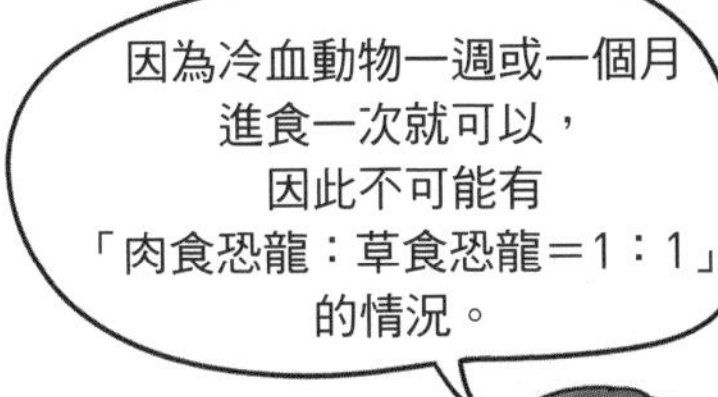

最後一點，鳥類是恐龍的進化，鳥類也是溫血動物。

但這主張果然引起很多反對的聲音，在此之前，有必要重新定義溫血動物和冷血動物的概念。

以溫血、冷血的表現來看，能夠不斷地維持自己體溫，就叫「恆溫動物」。

不能夠一直維持自己體溫，就叫「變溫動物」。

以在體內產生熱能來調節體溫的「內溫性」，及透過外部熱源來調節體溫的「外溫性」來分類。

根據體溫分類如下：

	恆溫動物	變溫動物
內溫性	內溫性恆溫動物 大多數的哺乳類、鳥類	內溫性變溫動物 蝙蝠、針鼴
外溫性	外溫性恆溫動物 海鱷魚、象龜、長壽龜、鮪魚	外溫性變溫動物 大多數爬蟲類、兩棲類

啊！我到底是？

巴克主張恐龍是能在自己體內產生熱能，用以活動的內溫性恆溫動物。

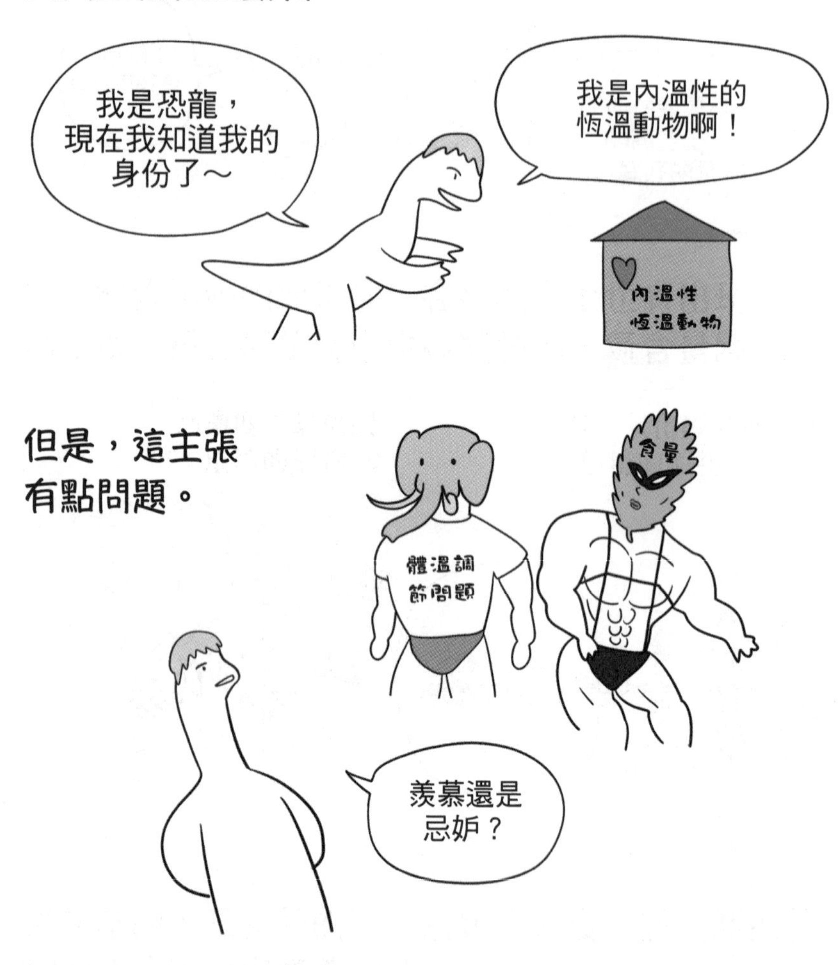

但是，這主張有點問題。

身體越大，表面積越小。

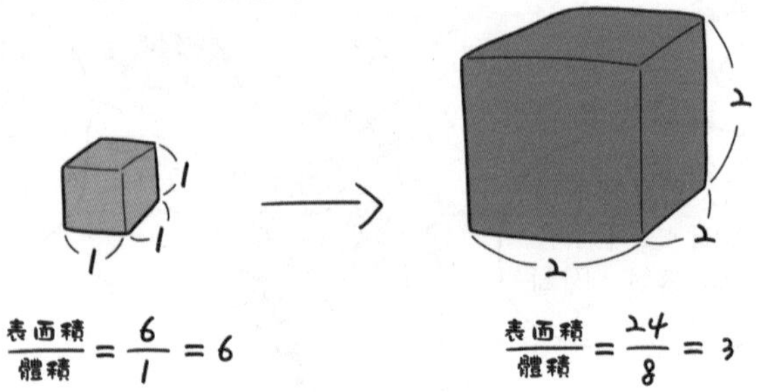

就現在看來，高溫的中生代中，巨大的恐龍如果是內溫動物的話，會因為沒辦法散熱而死掉。

而且內溫性恆溫動物為了維持體溫，要進食非常非常得多。

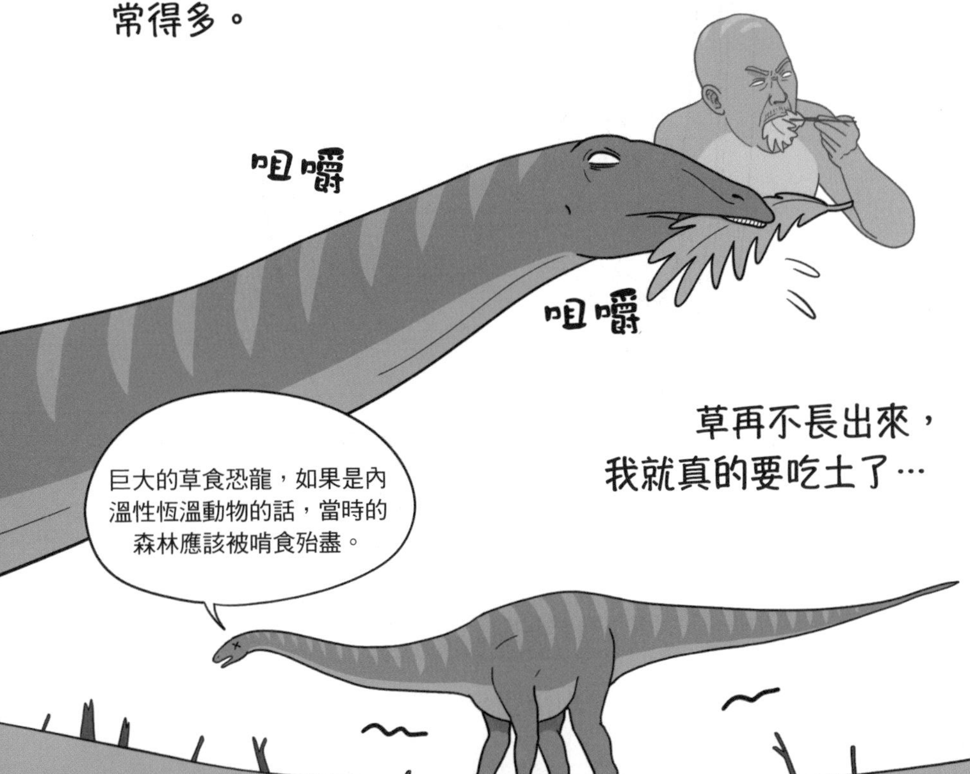

甚至推測一部分的草食恐龍，是群居生活的，若要維持內溫性恆溫動物的食量的話，食物不足的問題會更加嚴重。

此外，就算是進食量較少的長頸恐龍也吃不飽啊！

大型肉食恐龍雖然數量少，但假設牠是內溫性恆溫動物，如果食物不足的話，體溫調節也會出問題。

現在的海鱷魚和象龜雖然是外溫性，因為體型較大而散熱不易，所以能夠一直維持體溫，稱為「巨型恆溫性」。

所以巨大的恐龍是內溫性恆溫動物這點來看，就像現今的巨型爬蟲類，因身形巨大而可以維持體溫，以巨型恆溫性動物的視角來看是有優勢的。

還有一種說法，認為巨型恆溫性是一種有效的策略，即使牠吃很少的食物，也不需要消耗太多能量來維持體溫，因此恐龍變得巨大也是這個原因。

因此，像這樣認定所有的恐龍都是溫血動物，是不合理的。

恐龍並不緩慢並且極其活躍，

以及恐龍是鳥類的祖先這一事實，引發了一場改變現今的科學革命。

透過這個事件，這期間描述的恐龍樣貌完全改變了。

像哥斯拉一樣挺直背脊、拖著尾巴的霸王龍，變成了腰部纖細的身形。

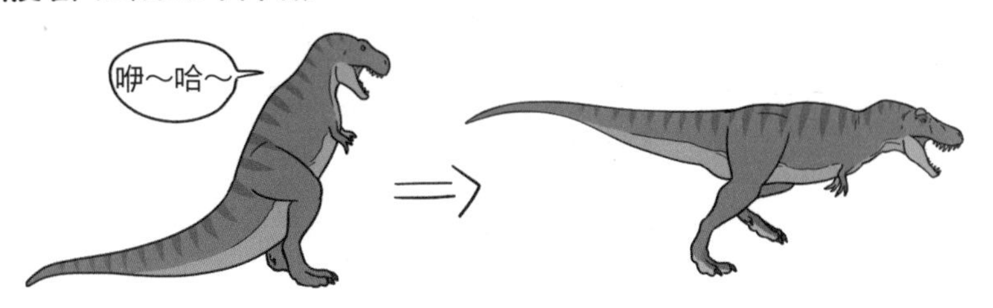

身體在水裡，只把頭伸出水面的長頸恐龍，變成從水中走出來、抬腿走路。

鑑於這種根本性的變化、恐龍研究的進化、行為生態、生理學等等，科學家們從各方面及不同角度的創新實驗仍在繼續。

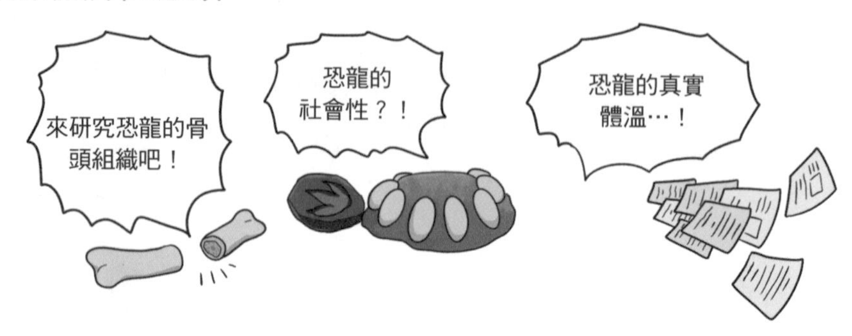

恐龍出現在很多媒體上。

這科學革命稱之為「恐龍復興」。

延伸小知識＃長頸恐龍姿勢的爭論

過去第一次發現長頸恐龍的化石時，覺得這恐龍太巨大無法支撐自己的體重，所以以在水中生活來復原。或是像鱷魚一樣，四肢彎曲，腹部在地上拖行來行動的樣子來復原。但是長頸恐龍在水裡生活，因為太過輕盈會浮在水上，腳印化石也沒有發現肚子拖行的痕跡，所以長頸恐龍就按我們所知道的，用直直的腿在陸地行走的樣子來復原。而且長頸恐龍脖子彎曲的程度也是一個爭論的話題，雖將脖子畫得高高的，但如果脖子太高的話，心臟的幫浦無法將血液供給到頭部才又畫成低頭的樣子，但若頭太低的話身體又會失去重心，所以就變成像現在一樣適當地低頭的樣子。

延伸小知識＃長頸恐龍鼻孔位置的爭論

長頸恐龍鼻孔的位置也是爭論的主題之一，看最有名的長頸恐龍——腕龍的頭蓋骨，鼻孔的位置是在眼睛的上方。雖然曾經因為不知道鼻孔的位置，就放在了鼻尖，但後來根據頭骨化石來復原，鼻孔就被畫在眼睛上。然而從顱骨鼻孔中連接鼻尖的血管痕跡發現，加強了長有軟組織的推測，鼻孔的位置又回到了鼻尖。還有一種觀點認為，這些血管疤痕中的軟組織可能已經腫脹得很厲害，而且鼻孔周圍的血管痕跡也出現在擁有巨大肌肉軟組織的大象身上，後來也有些人把大象鼻子畫在長頸恐龍頭上當作笑話。

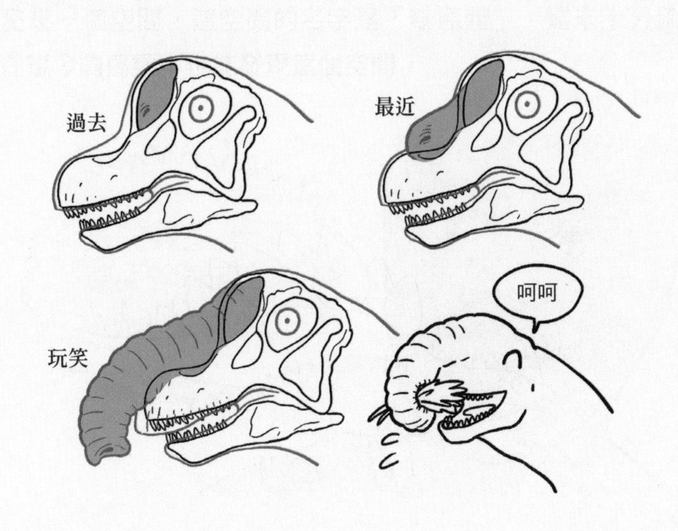

因為小型恐龍太多，無法推測所有恐龍都是巨大恆溫性的外溫動物。

但至今還活著的恐龍——鳥類，是內溫性恆溫動物。

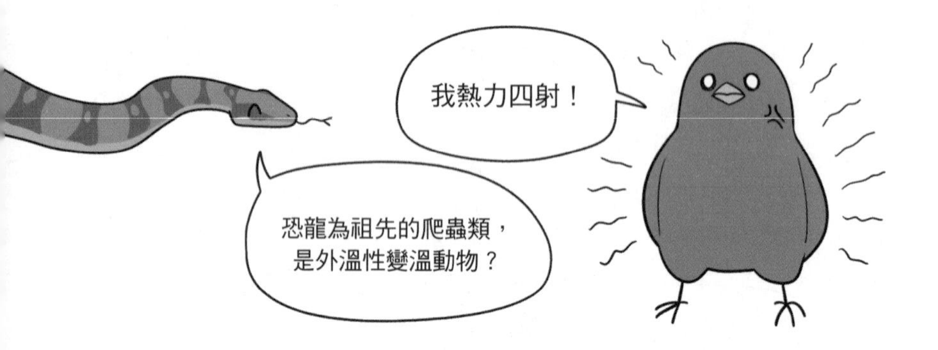

這樣為了解決各種問題，提出了全新的恐龍體溫系統模型，就是「金髮姑娘原則（Goldilocks principle)」。

9話
金髮姑娘原則

金髮姑娘是表示既不熱也不冷，代表繁榮的經濟術語。

恐龍學家斯科特桑普森（Scott D. Sampson），在恐龍是內溫性還是外溫性的爭論中，

提出了恐龍是位在這中間的「中溫性」論點，這就是金髮姑娘原則。

金髮姑娘原則區分了生物中的能量，是如何劃分和分配到兩個領域。

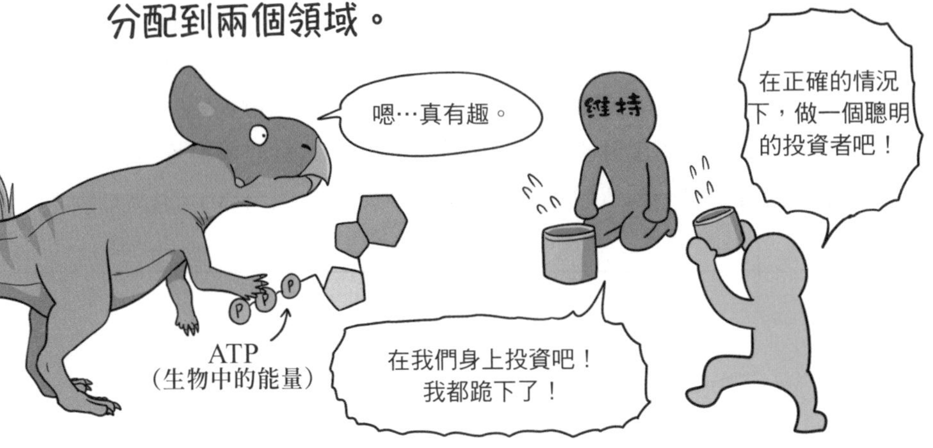

第一，「維持」時使用能量。

第二，「生產」時使用能量。

外溫性動物體溫在「維持」時使用適當能量，則可在「生產」時分配更多能量。

相反的，內溫性動物體溫「維持」時過度消耗能量，「生產」時就無法分配到額外能量。

介於兩者之間，「中溫」恐龍適度地擁有兩全其美的優勢。

本來恐龍的祖先，一般都是爬蟲類這樣的外溫動物，牠們的整體新陳代謝和原始恐龍一樣高。

而且雖然新陳代謝率高，也剩下很多能量，外溫性祖先同樣是「維持」的能量相對少於「生產」時大量投入的能量。

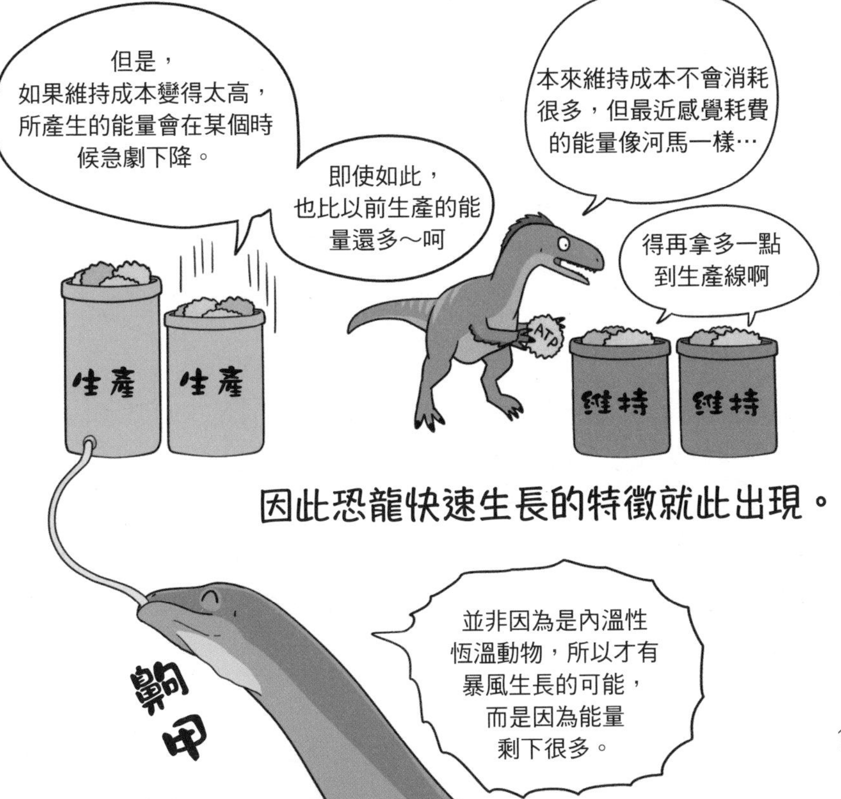

因此恐龍快速生長的特徵就此出現。

像角、骨盤和冠這種華麗且具觀賞用的結構體也能製作出來。

這樣的主張，再加上前面所說巨大恐龍的體溫維持問題就解決了。

恐龍是中溫性的話，不需要像內溫性動物一樣，為了維持體溫而消耗很多熱量。

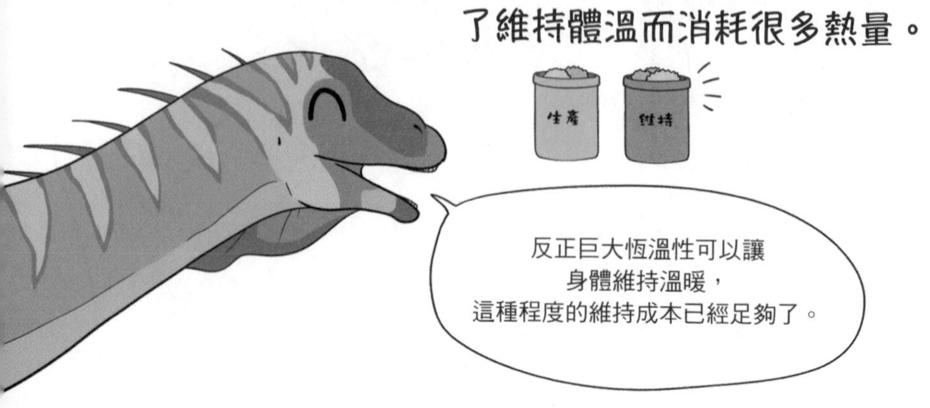

再來，以內溫性動物的水準，也可能不用吃太多，就能維持身體機能並且快速的成長。

此外，這個金髮姑娘原則，可以清楚地解釋為什麼沒有海洋恐龍。

外溫性動物爬蟲類、內溫性動物鳥類或哺乳類中，都有適應海洋生活的種類，但恐龍沒有。

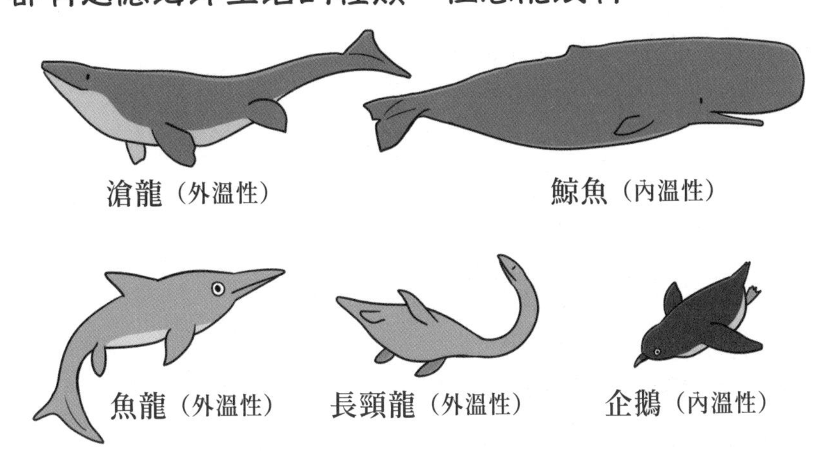

外溫性動物沒有體溫流失這種事情，內溫性動物可以吃很多食物來維持體溫。

如果牠是只吃少量食物，並保持高效代謝率的中溫性恐龍，牠就沒有足夠的空間來適應並產生足夠的熱量在水中生活。

用這種中溫性恐龍的模型作為基準，修改外溫性爬蟲類到內溫性鳥類進化的過程。

但事實上，已經將一些接近鳥類的恐龍群中，視為完全進入內溫性新陳代謝。

在手盜龍類（也包含鳥類）以及部分恐龍，都有發現孵蛋樣貌的化石，這就是內溫性鳥類的特徵。

然而，像這樣已經轉向如此高成本的內溫性代謝的恐龍，果然也遇到了各種限制。

之前介紹的內溫性動物體型巨大化成長，則會造成體溫發散困難，所以不能如此成長。

像鐮刀龍（Therizinosaurus）或巨盜龍（Gigantoraptor）一樣，可以看到一部分巨大的手盜龍類，肉食和草食都有，這樣變換的雜食食性，因為要配合內溫性而變高的代謝量，所以不能單靠吃肉來應對。

基於如此多樣的證據和解說，看到恐龍是擁有中溫性的新陳代謝狀態，和包含鳥類在內的一部分恐龍是內溫性。

雖然遺憾，從至今還活著的動物中，中溫性代謝狀態的生物並不存在。

但是透過內溫性鳥類起源於外溫性爬蟲類這點，暴風成長、體溫維持及沒有海洋恐龍等的證據來看，這是一個可以推斷且令人信服的模型。

*參考第1話

最新研究指出，透過恐龍蛋化石可以推測恐龍的體溫。

分析結果顯示，恐龍的體溫竟然意外地高。

但是能證明鳥類是從恐龍進化以及

一部分的恐龍是內溫性動物，這兩點的決定性證據

就是——羽毛。

延伸小知識 # 半水生恐龍

雖然沒有完全的水生恐龍，但推測有幾種半水生生態，最有名的恐龍就是棘龍，有和鱷魚相似的鼻子和探測魚時使用的器官，密實的骨組織和同位素水平，與今天的半水生生物相似。

延伸小知識 # 從牙齒了解的飲食生活

即使牙齒比較容易留下化石，但提供了很多關於過去動物飲食的訊息。霸王龍鈍而厚的牙齒具有咀嚼骨頭的能力，異特龍鋒利的牙齒表明牠吃肉，儘管是肉食性恐龍所屬的獸腳亞目恐龍，但是有與草食性恐龍相似的牙齒結構，鐮刀龍為草食性恐龍，後面外傳介紹的戈壁盜龍（Gobiraptor）為例，推測因為牠的喙很厚，可能會吃從地層中的貝類。

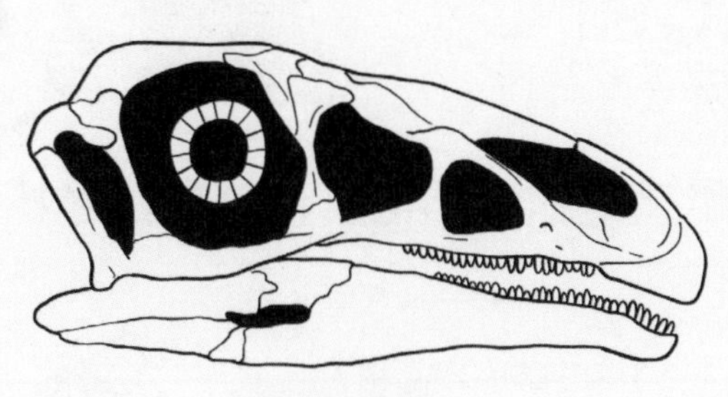

有草食恐龍牙齒
的鐮刀龍頭蓋骨

延伸小知識 # 胃石

長頸恐龍的牙齒結構不適合嚼草，反而適合採摘和拔草。發現大多長頸恐龍的化石在腹部側面會有碎石匯集，這種碎石稱為「胃石」。大概是長頸恐龍為了維持巨大的身軀，不咀嚼而直接吞食，所以在吞入後用碎石在沙袋中將食物摩擦壓碎，以此方式取代牙齒，現今雞的雞胗就是這個沙袋。

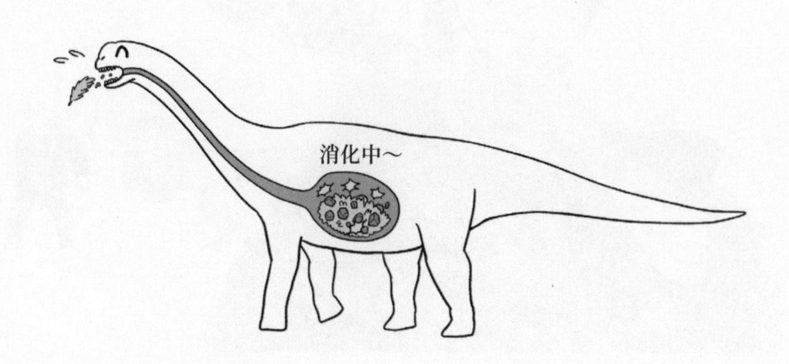

透過始祖鳥和恐爪龍，了解鳥是從恐龍進化而成的事情後，

科學家們從恐龍的「羽毛」痕跡開始尋找…

然後 1996 年在中國發現有羽毛的恐龍。

10話

羽毛的起源

狩獵中華蜉蝣的奇翼龍（屬名：Yi）

中國發現具有飛膜的獸腳亞目恐龍，是擁有最短屬名的恐龍。

雖然科學家們對發現恐龍的羽毛抱有期待，

但保存硬度不足的軟組織化石，本身就是一件不簡單的事。

但中國遼寧省的義縣組，過去為火山地帶，

白色的火山灰把恐龍覆蓋住，將軟組織漂亮地保存了下來。

就這樣，在這片化石保存率極高的地層區，還好這裡的農夫以販賣挖掘出的化石為副業，才讓這些化石得以重見天日。

在這過程中，科學家們所引頸期盼的，有羽毛的恐龍就此被發現！

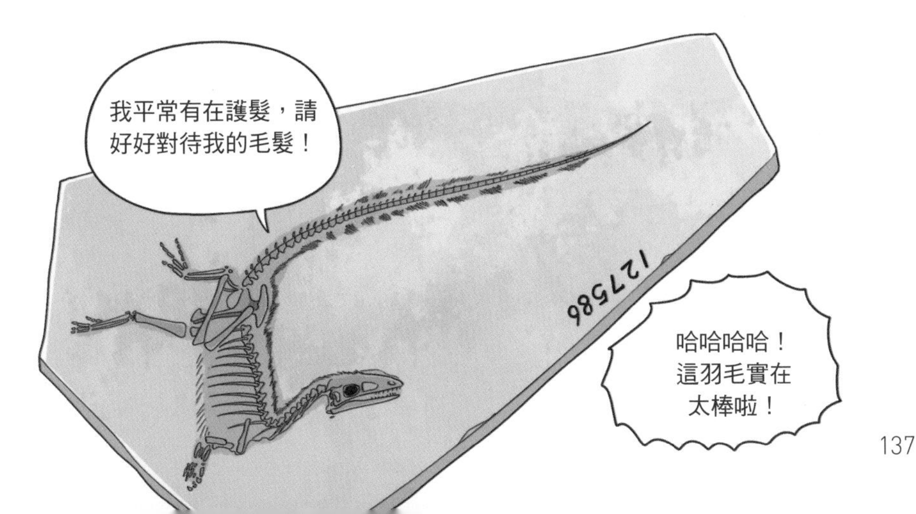

這蓬鬆蓬鬆的恐龍，被命名為「中華鳥龍」。

之後從很多小型肉食恐龍的化石中，發現羽毛或羽毛的痕跡。

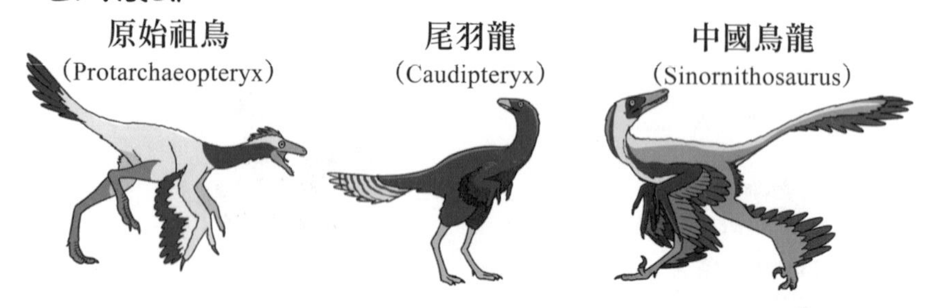

甚至 2004 年在霸王龍的祖先，叫做「帝龍(Dilong)」的恐龍身上也發現了羽毛。

所以科學家們認為只有小型肉食恐龍才有羽毛…

2012 年發現了 9 公尺高，全身覆蓋羽毛的暴龍科大型肉食恐龍「羽暴龍」。

所以認為羽毛是「包含鳥類在內的部分恐龍」才有的專利…

2014 年，在俄羅斯發現一種更奇怪的恐龍，叫做「庫林達奔龍（Kulindadromeus）」。

這恐龍不是肉食恐龍，而是一種鳥翅目的原始草食性恐龍，

同時擁有羽毛和鱗片！

事實上，雖然在 2002 年已經發現一種名叫「鸚鵡嘴龍」，不是肉食恐龍的原始角恐龍，身上還有「毛」，

但結構太過原始，只知道鱗片變形，與肉食恐龍的羽毛無關。

因此可以將庫林達奔龍的羽毛，單純的看作是肉食恐龍的羽毛，但鸚鵡嘴龍的毛是一個介在中間的複雜狀態。

因此知道即使是草食恐龍也是有羽毛的。

而且雖然不是恐龍，與恐龍共享祖先的翼龍（Pterosauria），也有獨立進化的一種稱為「pycnofibres」的毛。

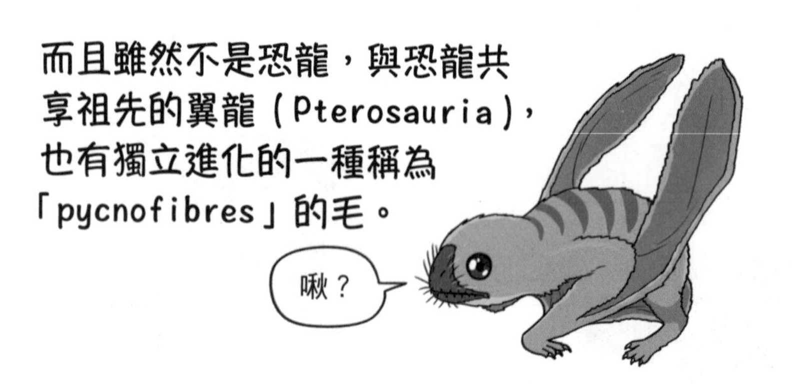

與恐龍和翼龍有共同祖先的鱷魚也沒有羽毛，但有羽毛的基因。

所以認為過去的肉食恐龍，在全新進化的某種階段長出了羽毛。

根據原始草食恐龍的羽毛和翼龍的毛，後來在鱷魚身上也有發現的羽毛遺傳基因。

恐龍從現在開始，已經是有著和羽毛相關聯的構造也不一定呢！

而且在進化過程中，會根據其用途，

轉變為類似羽毛的形式。

延伸小知識 #鱗片和羽毛的關係

鳥的腳上有鱗片，在過去以為鱗片是爬蟲類的標誌，但現今揭曉這鱗片是有抑制羽毛變換形態的事實。換句話說，並不是有了鱗片後才做出羽毛，事實上，是先有羽毛後才做出鱗片的。以偏原始的絨毛和鱗片同時被發現的庫林達奔龍為例，發現的鱗片構造不是和現今的蜥蜴相似，而是和鳥類的鱗片相似，也許這期間從化石上了解到的恐龍鱗片，和蛇、蜥蜴之類的爬蟲類結構不同，鱗片、羽毛、毛髮都是來自同一個器官。

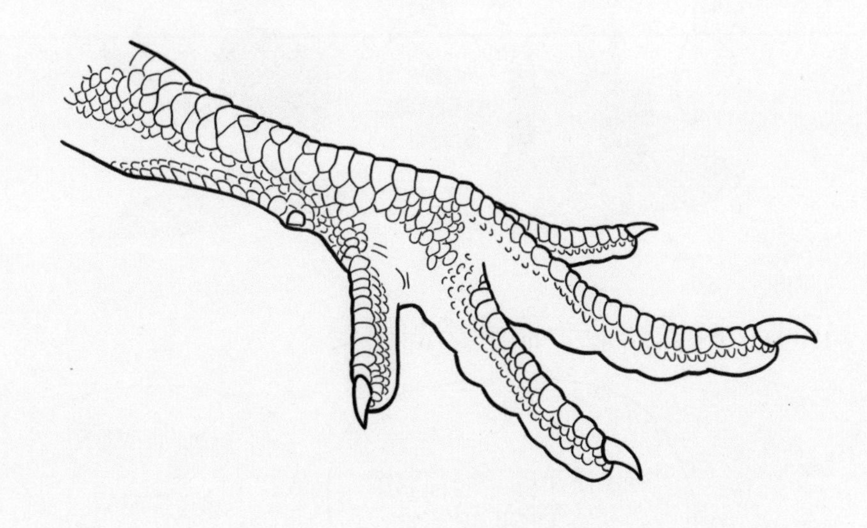

查爾斯·達爾文所著的《物種起源》出版至今超過150年了，

除了始祖鳥和提塔利克魚（Tiktaalik）等，這期間缺失的化石不斷被發現時，進化論又加強了它的精密性和穩健性。

但進化論仍然是一個爭論的話題。

11話

不可能還原的複雜性和羽毛

在睡覺的寐龍（Mei）

以睡眠狀態變成化石的獸腳亞目恐龍，
在中國被發現。
其頭埋在身體中睡覺，
跟現今鳥類睡覺時，為了維持體溫的姿勢一樣。

站在否定進化論的立場，將聖經中出現的人物年紀加起來，算出地球的年紀大約 6 千年左右。

地層中出現一億年前的恐龍，真的是猜測不到的謎樣生物。

當然包含恐龍等證明進化歷史的各種化石，與進化論一起被各種邏輯否定。

但是否定進化論的邏輯，隨著世代變化變得更精細，其中一個就是「不可能還原複雜性」。

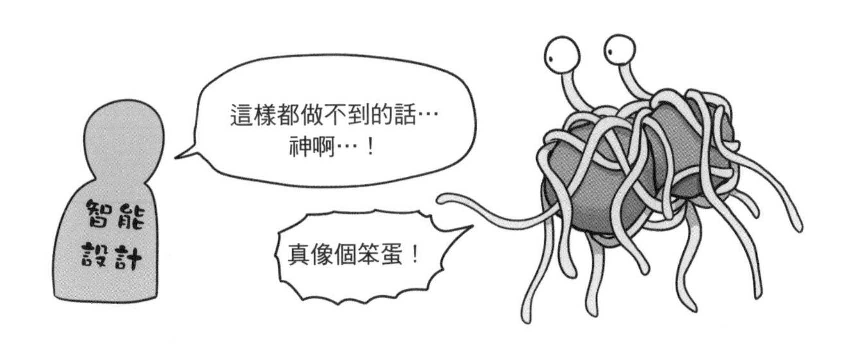

「不可能還原的複雜性」，是指因為某器官構造複雜，

很難按照自然選擇的逐漸積累原理，來解釋進化過程。

從結論來說的話是錯的，因為生物的器官在未完成的狀態下，也是有各自負責的機能。

這邏輯應用在恐龍羽毛上的話，有利於理解進化的過程。

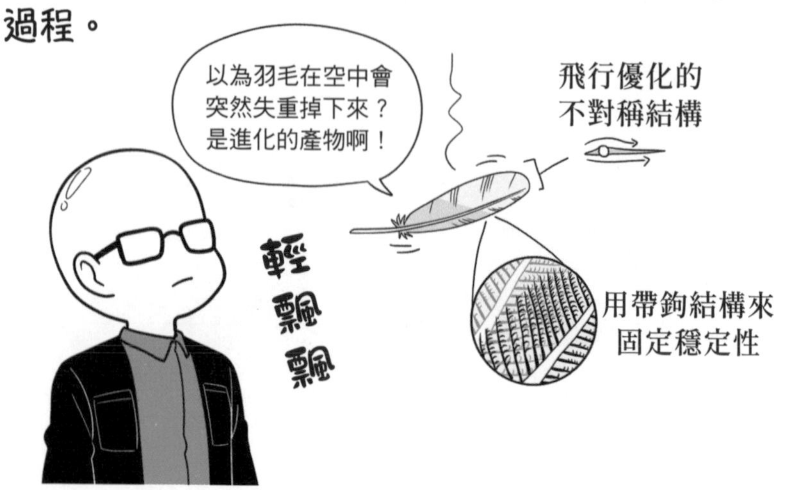

到現在為止剩下的恐龍後代，鳥類的羽毛主要功能是為了飛行。

這麼說的話，過去的恐龍是為了在空中飛行，所以有發達的羽毛嗎？

完全不是這樣的，
進化不是為了某種目的才進步的，
這看法在《漫畫昆蟲笑料演化史》
中也反駁了多次。

查爾斯．達爾文所說的自然選擇，是透過進化留下有利於生存的特徵。

在某些情況下，對生存有用的特徵被保留了下來，就產生了變化。

恐龍的羽毛和鳥類的羽毛比較之後，也有可能是未完成體也不一定。

但肯定是充分對生存有利的水準，有用武之地的。

那麼若不是用在飛行用的羽毛，是有其他用途嗎？可以透過現在的鳥類，

預測過去恐龍是用什麼方式來使用羽毛。

羽毛初期就是用來體溫維持的。

在發現有很多羽毛恐龍的中國遼寧省附近，中生代時期的火山活動之後，氣溫較低也有點冷。

對於在氣溫低的環境中生活的恐龍，有保溫機能的羽毛分明是對生存有利的要素。

而且和別的恐龍相比，推測已經進入了完全內溫性新陳代謝的手盜龍類，看來幾乎全部都有羽毛的。

這時羽毛是將體內中發散的熱能抓住，能非常有效維持體溫。

延伸小知識 #不可能還原複雜性的另一個例子和反駁論點

鳥在處理不可能還原的複雜性時，「眼睛」始終是一個主題。生物的眼睛像相機一樣複雜而且精密，主張不可能還原的複雜性派系邏輯是這樣的，「萬一人的眼睛是100%的話，那連人眼睛的1%水準都不到的單純眼睛，是有什麼長處可以漸漸變得複雜又精密呢？」但是除了能辨識出黑暗和明亮的程度以外，其他都無法分辨的1%的眼睛，是真的沒有功用嗎？不是這樣的，可以分辨明暗的話，白天和晚上都可以活動，還可以識別陰影的晃動並逃離捕食者，完全看不到的器官也全部都有各自的機能。

延伸小知識 #寐龍

一種稱作「寐龍」的恐龍在火山灰沉積岩中被發現，因為是在睡夢中死掉的，所以知道恐龍睡覺的樣子。且因為其保存體溫的姿勢支持了手盜龍系列恐龍為內溫性，也就是寐龍在火山附近生存後死掉的意思。但是學者們推測寐龍並不是因為對火山爆發毫無察覺，才像龐貝城一樣被火山灰掩埋，而是在睡夢中被火山煙霧窒息死亡，之後才被火山灰覆蓋，這個化石被發現時，也是將鼻子埋在腋窩睡覺死亡的樣子，真的是恐龍界的睡美人。

延伸小知識 #過去的恐龍化石

在過去還不知道恐龍存在的時候，東亞地區將恐龍化石當作龍骨做為漢方藥材使用，西方也有將恐龍做為龍的原型的主張。事實上東亞地區或西方國家，其實並未能區分出恐龍及其他哺乳類脊椎動物的化石。包含斑龍（Megalosaurus）在內的一些骨頭碎片，被相信是巨人的骨頭，雖然不是恐龍的大象化石也被稱為巨人的化石，特別是大象頭骨有一個較大的中央鼻孔，而非模糊的眼孔，看著這個就想像成獨眼巨人（Cyclops）也不一定。

基督教文化中，恐龍是一隻曾經生活在伊甸園的禽獸，相信牠是因為無法搭上諾亞方舟而滅族的生物，或是聖經中出現的利維坦的真身，被神在造物過程中用來練習，是一件還沒有被注入生命的作品。

也有一說，中亞地區經常發現的原角龍（Protoceratops）是獅鷲的原型也不一定，中亞人們看著有鷹嘴四腳獸的原角龍化石，想像這是一個上半身為鷹、下半身為獅子的獅鷲。

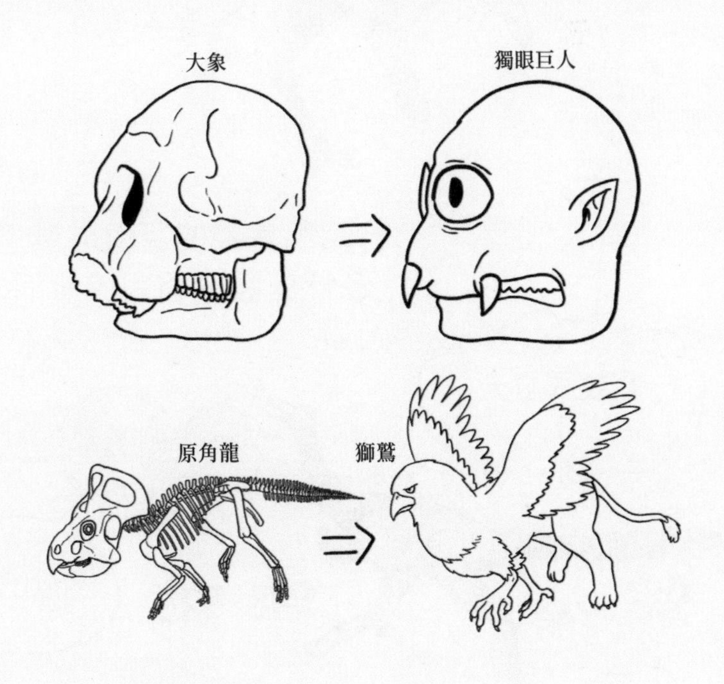

2012 年，在一種稱為「似鳥龍（Ornithomimus）」的駝鳥恐龍上，發現了羽毛的痕跡。

在駝鳥恐龍的前肢上，發現的羽毛痕跡跟鳥類一樣是翼羽的痕跡。

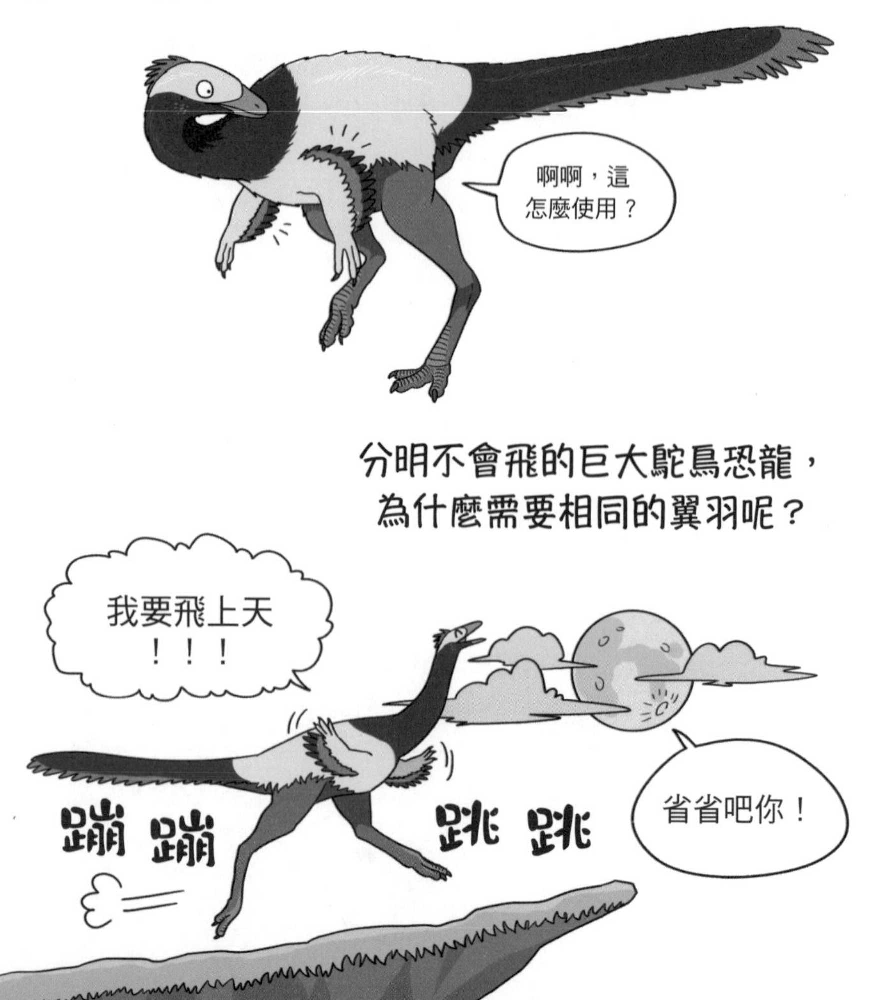

12話

羽毛的機能

看著現今的鳥類，很多都是藉由展翅抖動來求愛。

在發現翼羽的痕跡前，鴕鳥恐龍幼體上是沒有發現痕跡的。

換句話說，發育完全的成體才需要翼羽的意思。

無法飛行的駝鳥恐龍，大概是為了求愛才有翼羽。

現今的公駝鳥將翅膀打開抖動，
對母駝鳥求愛。

再來看著擁著蛋的化石恐龍，知道蛋是用手蓋著。

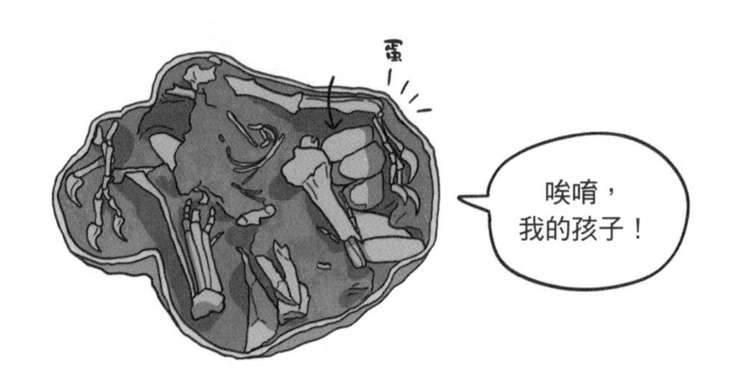

擁著蛋就代表有體內發散的體溫，以及為了維持體溫而有羽毛的意思。

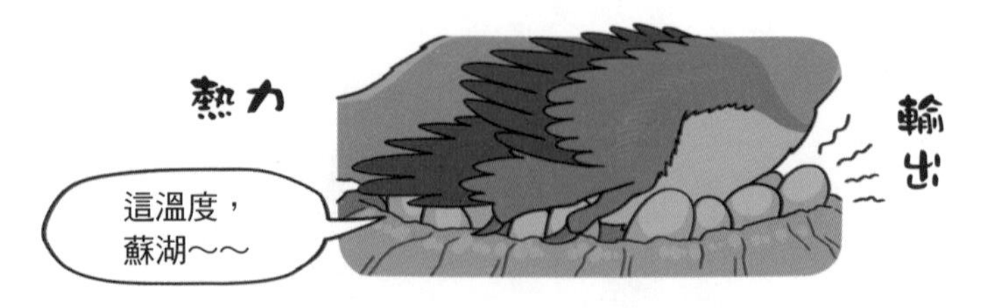

於是用手臂上出現的羽毛來覆蓋著蛋。

除此之外，恐龍有著羽毛的小翅膀，在疾走時也能抓取平衡，在變換方向時能有效地使用。

爬上像樹木一樣的上坡路時，也能加以運用。

一種稱為小盜龍（Microraptor）的肉食恐龍，和現今鳥類不同的是，在腳上也有翼狀的羽毛。

由於這種腳的構造，不是在陸地上生活，而是在樹木上，用 4 個翅膀滑翔在各個樹頂間到處移動。

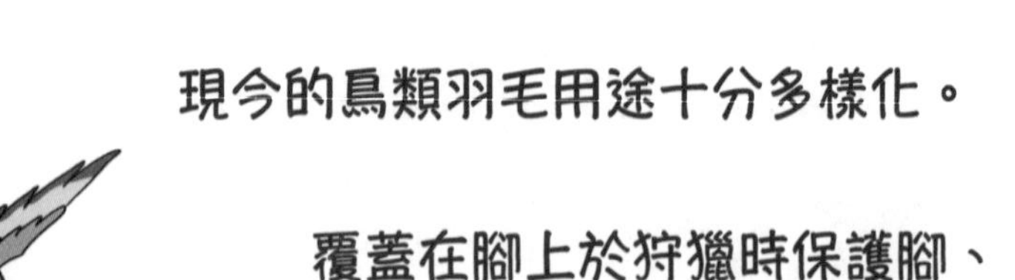

現今的鳥類羽毛用途十分多樣化。

覆蓋在腳上於狩獵時保護腳、
吃羽毛來保護內臟、
狩獵時製作出陰影來引誘獵物。

像這樣因為可以做到多樣化的機能，
如：維持體溫、炫耀、孵化蛋等等，

其中羽毛飛行的食肉恐龍成為了今天的鳥類。

換句話說，雖然飛行用的羽毛看起來複雜，
但它是逐漸積累和演變到
具有多種不同功能的器官。

所以是非常了不起的進化證據。

順帶一提，有羽毛的恐龍故事中，有一個不可忽略的主題，就是究竟「霸王龍有沒有羽毛」呢？

從結論來說，是沒有的。

霸王龍是大多數羽毛恐龍所屬的「虛骨龍類」。

霸王龍祖先中有一個具有羽毛覆蓋，其分支名為「羽暴龍」的肉食恐龍分支，體型如同「帝龍」霸王龍一般巨大。

到現在為止，在霸王龍的皮膚化石中，沒有發現羽毛的痕跡。

而且因為霸王龍是巨大的生物，有羽毛的話會因沒辦法散熱而死亡。

即使幼體霸王龍是有羽毛的，但在成長後漸漸掉光。

延伸小知識 # 琥珀中的恐龍腳

曾經在樹木的汁液變硬後做成的琥珀化石中，發現了9千900萬年前保存的恐龍腳。是小型恐龍的腳，並有羽毛覆蓋到腳趾頭，現今的貓頭鷹也是如此，為了用尖銳的腳尖在狩獵時，保護腳不受到獵物的攻擊，因此一直到腳趾底都有羽毛覆蓋。琥珀中的恐龍也是因為差不多的理由，直到腳趾底都有羽毛覆蓋著，當然因為現今有非常多的鳥類用鱗片取代羽毛，所以其他恐龍是怎樣就不得而知了。

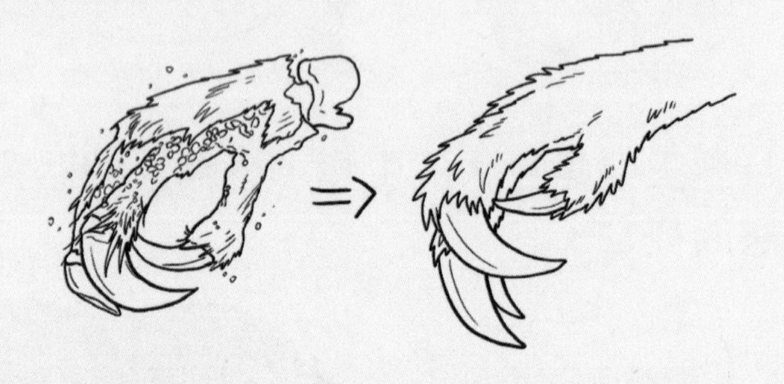

延伸小知識 # 恐龍蛋的孵化時間

雖然恐龍會養育幼體到某種程度，以及有幾種有羽毛恐龍會孵蛋，這兩個事實從很久以前就被人們所知，只是恐龍蛋孵化時，需要多長的時間就不知道了。但最近發現，透過從恐龍胎兒牙齒化石的電腦斷層掃描（CT）和高倍數顯微鏡中知道，這結果是每天增加一條成長線，孵化時間每種恐龍都不一樣，角恐龍的原角龍是83天、鴨嘴恐龍的亞冠龍（Hypacrosaurus）是171天，最新發現的恐龍蛋孵化時間比以前推測值還要來得長，比起鳥類，更接近爬蟲類的數值。

延伸小知識 #有飛膜的恐龍

恐龍中不只存在著像現今鳥類用羽毛來飛行的恐龍，還有像蝙蝠一樣利用飛膜飛行的恐龍，在10話插圖中出現的「奇異龍」就是這種恐龍。「奇異龍」像蝙蝠一樣有飛膜，雖然不知道能不能像蝙蝠一樣飛行，至少滑翔是有可能的。但這種有飛膜的恐龍到白堊紀就完全消失了，但是我們認為這是個具有意義的發現的理由是什麼呢？這讓我們知道進化的多樣機能性。恐龍之後各自獨立，有試圖飛行的可能，也有像飛膜一樣的器官進化到具有飛行能力的事實等。畫漫畫時，看著和「奇異鳥」一樣的擅攀鳥龍（Scansoriopteryx）長臂渾元龍，在這恐龍上也發現了飛膜。

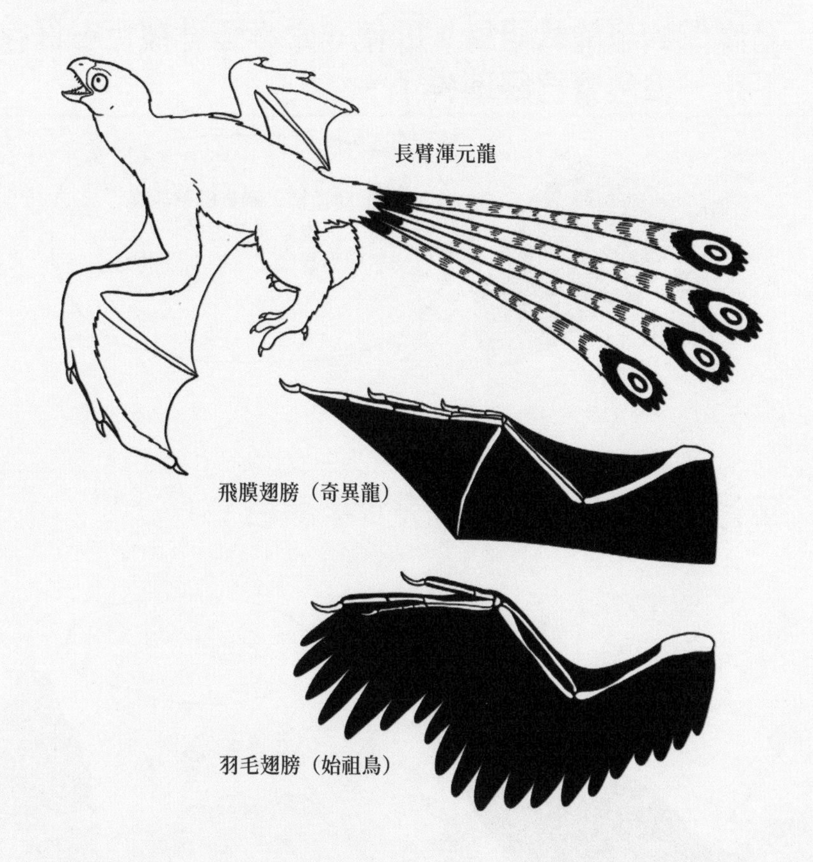

我們很難知道數千萬年前的恐龍是什麼顏色。

易腐爛的恐龍軟組織，即使非常幸運地被化石保存下來，但色素已經消失了。

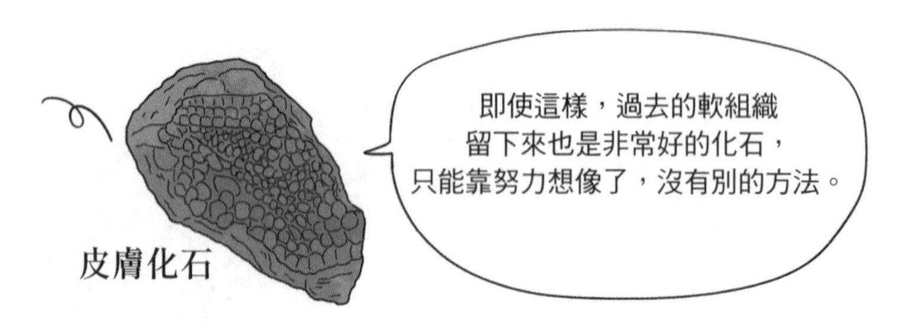

但是最近可以知道恐龍是什麼顏色了！

13話
過去的顏色

戟龍(Styracosaurus)

戟龍的顏色現在還不清楚，但牠擁有華麗的摺邊和裝飾角，會用美麗的顏色來裝飾和炫耀。

掃描電子顯微鏡（SEM）可以透過發射電子束，用奈米水準詳細檢查物體表面。

透過這個掃描電子顯微鏡放大恐龍的羽毛，

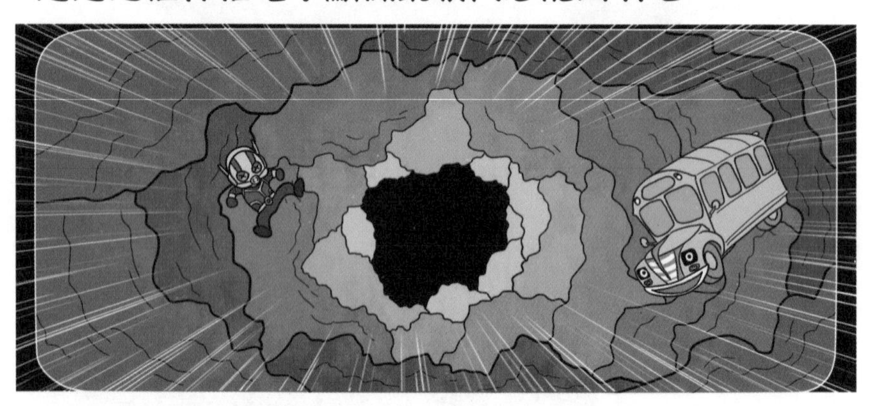

發現了被稱為「黑色素」的色素細胞！

在化石中被保存的黑色素和鳥類的黑色素相比，就知道過去是呈現什麼顏色。

所以科學家們劃分區間，在每根羽毛中反覆努力尋找黑色素。

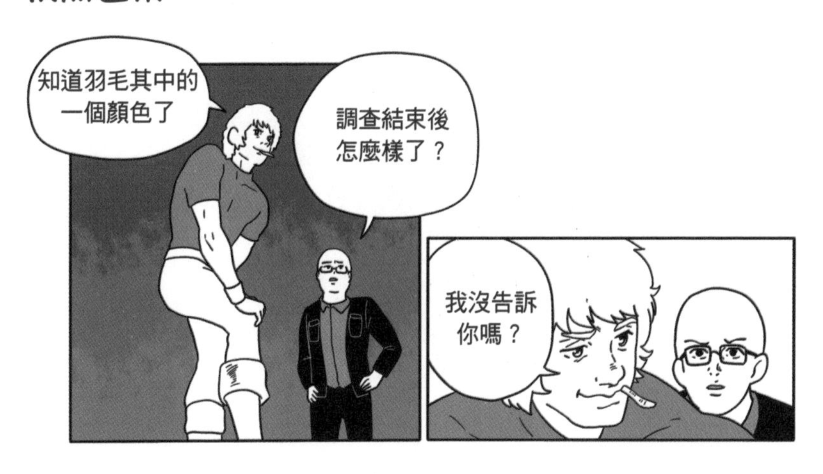

透過這個方式揭曉了恐龍的顏色。

最早被發現顏色的近鳥龍（Anchiornis），整體而言是黑的，但在頭附近有紅色羽毛、翅膀附近有白色羽毛。

中華龍鳥是有褐色斑紋，

小盜龍是像喜鵲或烏鴉一樣，黑但反射出藍光。

被稱作彩虹龍（Caihong）的恐龍，雖然整體是黑色的，但在頭上及脖子附近像蜂鳥一樣，看的角度不同，顏色就不同，有著像彩虹一樣的羽毛。

最近不只羽毛，有些也可以在皮膚化石推測其顏色。

原始的角恐龍鸚鵡嘴龍，
是褐色、黑色和橘色混合在一起。

某部分化石是連內臟都保存非常良好，像是有名的北方盾龍（Borealopelta）盔甲是栗子色，肚子是明亮的褐色。

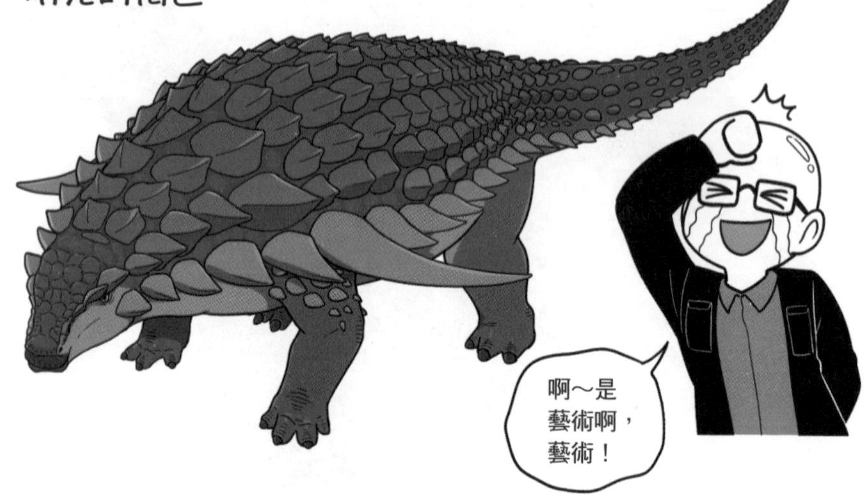

像這樣，現在一部分的恐龍顏色就慢慢得以瞭解了。

而且由於各自沒有極大的差異，
因此取自現今的動物顏色，
過去沒有揭曉顏色的動物就復原了。

特別是已經揭曉顏色的其中一個恐龍「近鳥龍」，和現在的白腹黑啄木鳥理查亞種非常相似。

近鳥龍紅色的臉頰和頭毛是什麼用途呢？

就像現今的鳥類一樣，也是作為吸引異性的用途。

延伸小知識 #飄進海裡的北方盾龍

有著極高保存率的北方盾龍化石，過去在曾是海洋的地層被發現，在岸邊死亡後被海浪沖走，並假設在屍體腐壞之前快速沉入。和北方盾龍接近體系的波波龍（Papasaurus），也是以類似的理由在曾是海洋的地層被發現，可能這體系的恐龍是居住在海岸附近也不一定。

北方盾龍是在連骨板上覆蓋的角蛋白，都保存良好的狀態下被發現的。古生物學家們假設盔甲恐龍的骨板在骨頭上方，由角蛋白組成的軟組織覆蓋著，角蛋白在化石化的過程中無法被保存而消失，因此覆蓋在骨板骨頭上的角蛋白不容易確定尺寸和厚度。但是北方盾龍是以角蛋白被保存下來的狀態下化石化，這結果讓很多事實被揭開。雖然尾巴端的角蛋白骨板骨頭上覆蓋較薄，但上半身附近的角蛋白覆蓋厚度竟達到了突出程度，在肩膀旁邊較大的骨板有佔整體大小足足三分之一的角蛋白，推測是正面看著對競爭者是一種威脅，或將前部分抬起變大作為對求偶的用途。又或是像文中所見，因為保存良好的軟組織，不僅是大型恐龍，連顏色也被揭曉，這是一種典型的偽裝色，大概是為了逃開同一時期生活的大型捕獵者，像高棘龍（Acrocanthosaurus）。

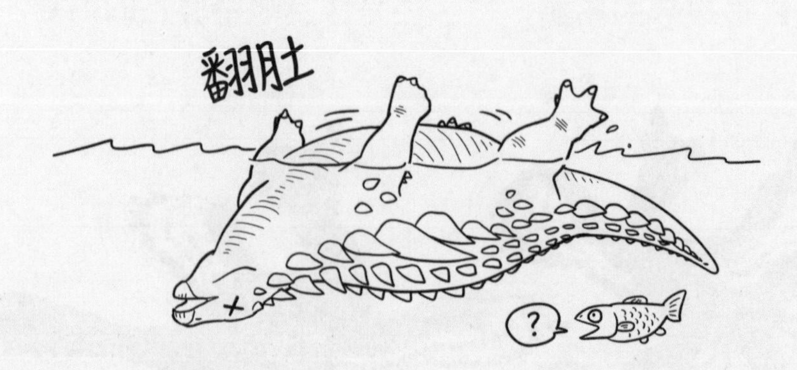

延伸小知識 #海洋爬蟲類的顏色

過去曾在大海生活的海洋爬蟲類的顏色相關研究也實現了，揭曉了侏羅紀的魚龍、白堊紀的滄龍類。新生代的海龜化石中保存軟組織的觀察結果，大致上是又黑又深的顏色，推測是符合深海色利於輕鬆偽裝，也因為可以吸收光線的深色特性，對體溫調節也十分有幫助。

很多恐龍介紹的內容是給兒童看的，所以像是恐龍交配相關知識就會很少提及。

但是生命的歷史中，沒有什麼像有性生殖這般重要的事情。

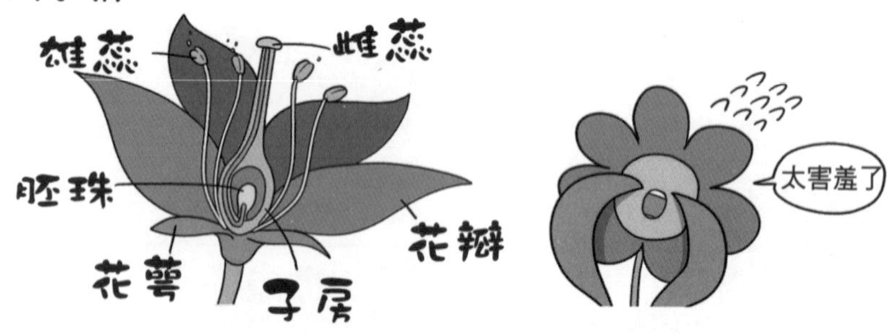

恐龍也在巨大的性選擇壓迫下交配。

14話

恐龍的性生活

第1部

正在試圖交配中的厚頭龍
(Pachycephalosaurus)

首先，我們目前提到的恐龍沒有露出生殖器，是因為牠們的生殖器被隱藏在泄殖腔中。

關於恐龍的交配姿勢，眾說紛云…

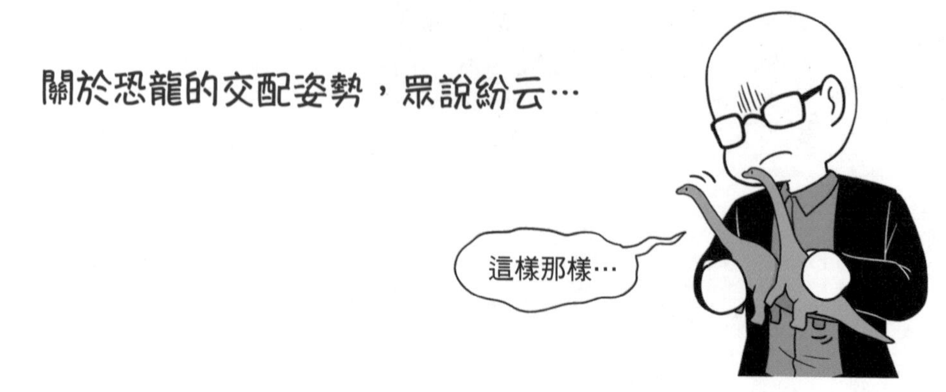

參考現在的鳥類或爬蟲類的
交配姿勢來復原…
呃…這個嘛…
我們嘗試模擬許多方式，
但就是無法推測出某些恐
龍的交配姿勢，這是一個
非常重要的問題。

推測像這種恐龍，雄性大概有著非常長的生殖器也不一定，

就像是現在的鴨子一樣，

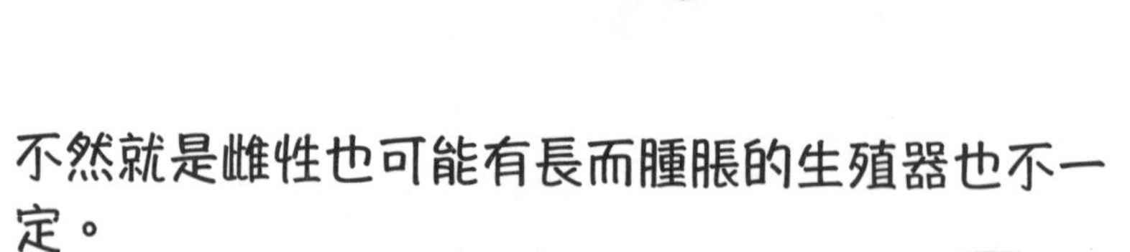

不然就是雌性也可能有長而腫脹的生殖器也不一定。

交配期的恐龍是集中於「性生活」的變態動物沒錯。

第 9 話的金髮姑娘原則中所說，恐龍是投資很多能量在骨頭所製成的裝飾物上。

雖然有很多關於多樣化裝飾物的假說，但至少誘惑異性的機能是被確定的。

像三角龍的角恐龍有奇怪的角和摺邊。

一開始會認為，角和摺邊是為了和肉食恐龍打架和戰鬥用的。

但是很難找到肉食恐龍和角恐龍打架的化石證據…

角恐龍的褶邊大部分有空心的大洞，因為骨質較薄，用來戰鬥是有點不足的。

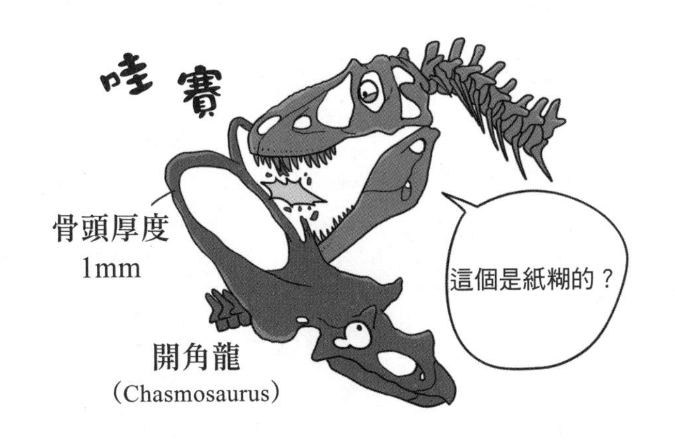

但其實有一假說認為，褶邊是用來調節體溫的。

但是角恐龍的角和摺邊的主要機能，如果只是戰鬥或體溫調節的話，牠就必須常常維持著收斂的樣子。

所以角恐龍的角和摺邊就會依種類不同，產生各種不同的模樣。

就這點看來，大概就是
為了對異性炫耀，
角和摺邊才如此發達。

交配時，透過角和摺邊，可以區分彼此是同種或不同種類。

幼體角恐龍是沒有什麼特別的裝飾，長得都差不多，上半身長到某種程度後，角和摺邊才會開始生長，這是有證據的。

三角龍化石中，發現有許多的角都有傷口。

就算如此，也無法確定是用角和褶邊來和肉食性恐龍打架，但至少可推測出可能用於對同種的群體們決鬥。

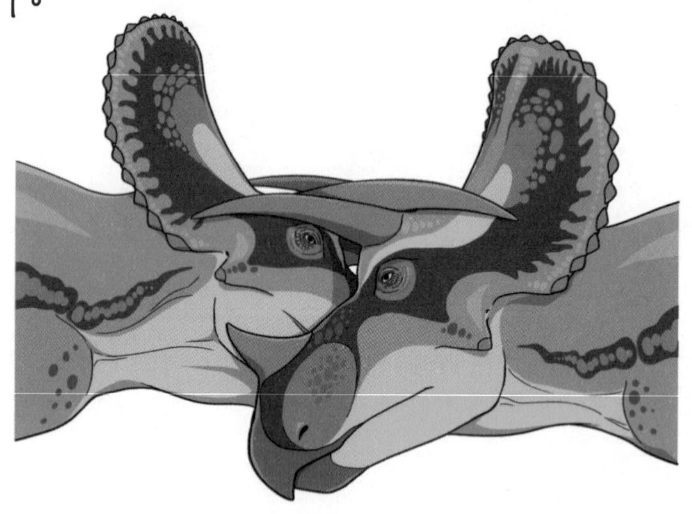

而且這種普通的決鬥，是不會打到你死我活的。

或者也沒有打架，只是使用華麗外貌來競爭！

這也是群體中訂出排序依據。

無論如何，角龍的角與褶邊是否與「性」有關連，
我們目前無法得知也無法否定。

延伸小知識 # 恐龍的雌雄區分

單從骨骼構造來看，區分恐龍的雌雄是不容易的，雖然有一些恐龍的雌雄差異相關研究，但至今為止爭論還是很多。首先第一點，將成體的肋骨化石斷開來看，肋骨骨質密度較低的就視為雌性，因為產卵季節雌性產下卵時會消耗肋骨的鈣質；第二點，某些種類有身體尺寸特別大的成體和小的成體時，大的是雌性，因為就所知，大多數爬蟲類和鳥類在生產時需要很多能量和空間；第三點，某些種類骨骼狀態有兩種時，隨著性別不同而有外形差異的稱為兩性異形（Sexual dimorphism）。鱷魚因為雌雄生殖器附近的肌肉型態不同，骨盆和尾骨的血管型態也不同，和這類似的霸王龍身上也發現雌雄是可以分別的，或是劍龍（Stegosaurus）的骨盆，角恐龍的角和摺邊，根據性別會有不同的研究。但是前面說過的，所有有爭議的假說仍無法明確區分恐龍的雌雄，因為恐龍的化石非常不完整，零散的被發現，無法掌握住整體框架。舉例來說，第三個兩性異形相關的主張，不是雌雄分別而是完全不同的種類可能性也是有的，由於這個問題，角恐龍的案例在分類學研究中存在著爭議，發現了新的角恐龍，也許牠和已知的恐龍性別不同也不一定。

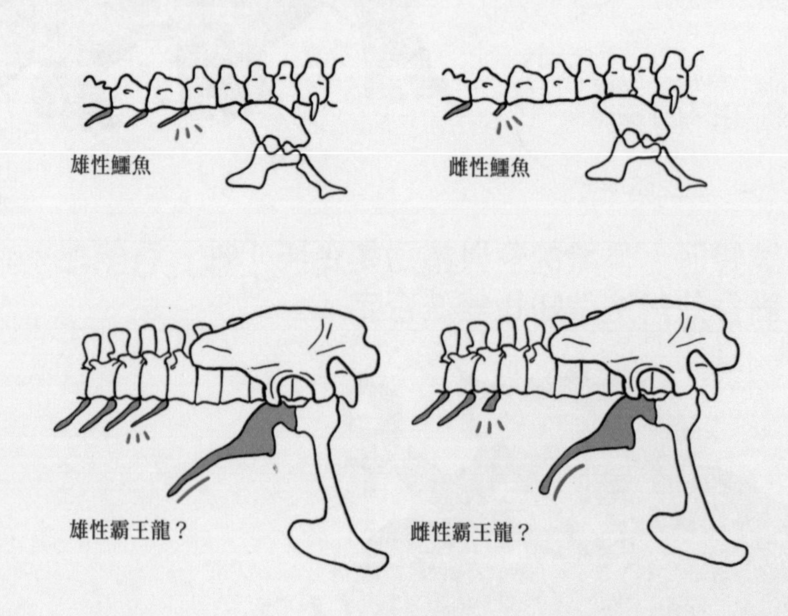

延伸小知識 # 三角龍隨成長的外型變化

爬蟲類在成長過程中，骨頭的型態和比例不會有太大的變化，但是鳥類會經歷許多轉變。恐龍的案例中，幼年恐龍的骨頭形狀和比例，隨著成長會發生很大的變化，以致於經常被認為是不同物種。針對「三角龍隨著成長頭蓋骨的變化」則有較完整的研究，小三角龍的三個角全部都只會略微突起，青年期的三角龍眉上的角朝上往後翻，三角形的骨突圍繞摺邊，之後隨著成長，變大的角漸漸往下朝著前方，圍繞摺邊的骨突也變更大。但是當它們都長大後，眉毛上方的眉上角則漸漸朝下生長，而且圍在摺邊的尖尖突起的骨突，最後變成了一個簡單的型態。

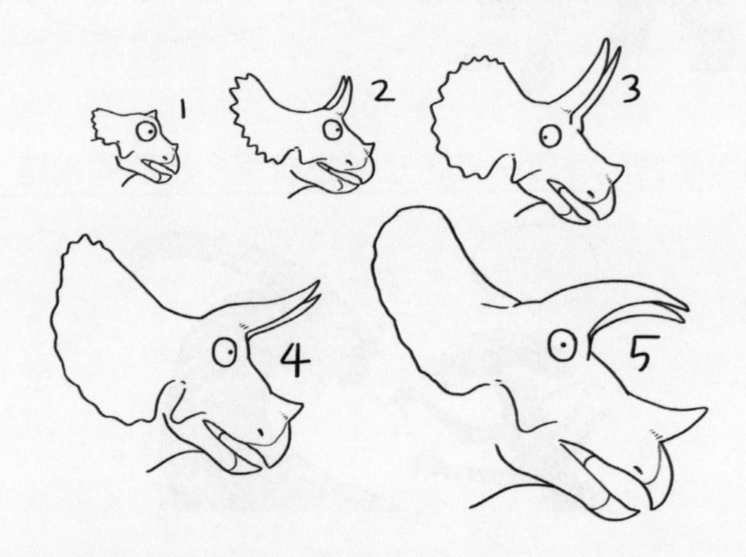

延伸小知識 # 即使這樣也是最有攻擊性的三角龍

雖然角恐龍的摺邊不是用來戰鬥，而是作為求偶，但其實三角龍的角和摺邊在面對肉食恐龍時，也可作為武器打架使用。一般來說角恐龍的角朝上方，雖然頭抬起時角看起來很大，但作為戰鬥使用是不合適的，而三角龍的角是向下彎曲的，適合作為戰鬥用途，不同於其他角恐龍的摺邊。換句話說，三角龍的角和摺邊是肥長且有攻擊性的，能夠造成曾一起共存的霸王龍相當程度的威脅。

不只前面介紹角龍的角和摺邊，劍龍亞目的骨板

和鴨嘴龍的骨質一樣，恐龍是有著多樣的骨構造。

雖然這些用途相關的假說很多，和性相關的使用說明還是不能漏掉。

15話
恐龍的性生活
第2部

冰冠龍（Cryolophosaurus）

侏羅紀前期，曾在南極生活的獸腳亞目，
頭頂上的冠被認為是作為求偶用。

劍龍在第一次被發現時，是藉由想像骨板像盔甲一樣覆蓋身體，作為防禦用途的樣貌來復原。

雖然之後發現有更好狀態的化石，可以更好的復原其樣貌，但問題還是在骨板的用途。

但骨板有無數血管，自然有認為是用來維持體溫的主張存在，

另有主張認為具有一半的娛樂效果，用骨板作為在天空飛行的用途。

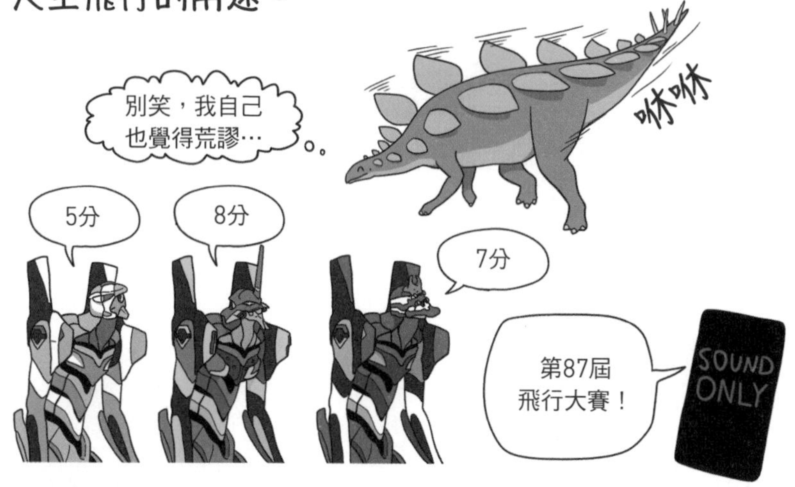

雖然爭論很多，但也有學者認為可能被用於區分雌雄用途。

無論是調節體溫或是別的用途，至少作為求偶是被認定的。

正如前面所看到羽毛的多樣機能。

像這樣，恐龍奇怪的骨頭構造，也有特別用途的假設，不是只有一種。

大概也有多樣化的機能，我們對於其中一些合理的假設感到認同。

副櫛龍（Parasaurolophus）的長骨質，一開始也是被想成和浮潛一樣，在水中可以容易呼吸的構造。

但骨質尾端被堵住，所以得知這是不可能的。

考慮到骨質是一個與鼻子相連的空心結構，使空氣循環產生共振，推測他們可能使用聲音在群體內進行交流。

或者也被認為是作為求偶時使用的。

被對生存沒有什麼屁用的
奇怪骨頭結構體所吸引，
真好笑。呵呵呵呵
嗯…我這樣想礙
到你了？嘖…
「鎖骨控」的
男人，
不也是看到
骨頭就興奮？

被我說中了吧！
感覺到骨頭結構
的性魅力，
不服來辯啊～
認輸
!!

很難透過化石證據，了解到恐龍是用這種結構體來求愛。

但是也不是完全沒有證據的，大型肉食性恐龍高棘龍，會像部分鳥類用腳刮地來求愛的行為，也透過腳印化石被發現。

無論如何，恐龍必需透過各種骨頭結構、羽毛和非化石軟組織將其精力用於繁殖。

延伸小知識 #長頸恐龍的巢

在長頸恐龍的研究中有發現數千個卵堆在一起的案例，推測大概有些長頸恐龍會集體在一個地方產卵，在研究長頸恐龍巢的過程中，也了解到某種程度的產卵方式，就是用後腳在地上刨出長條坑後產卵。

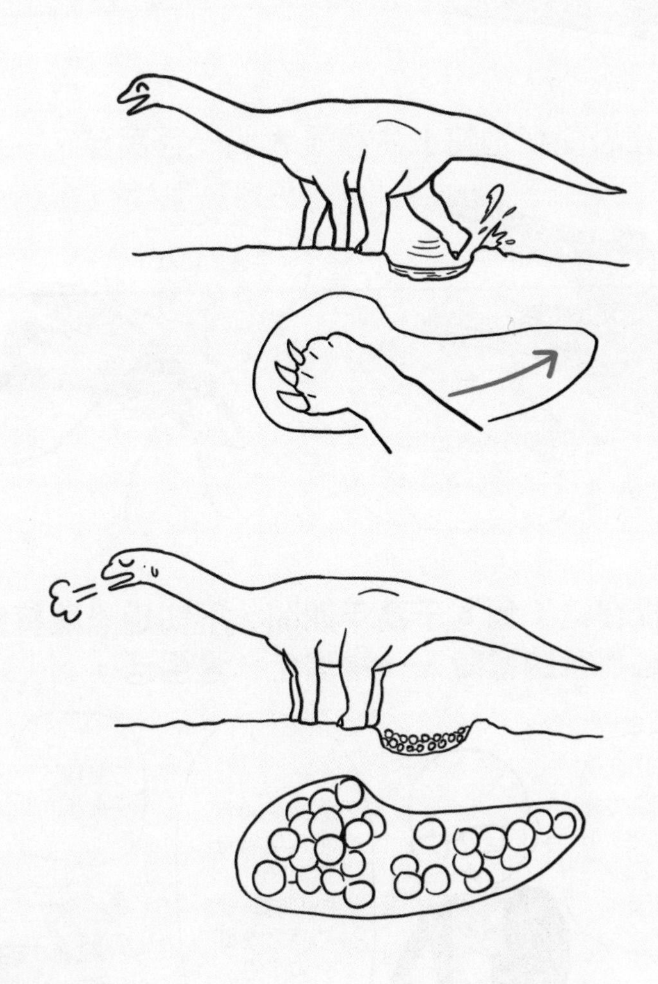

恐龍繁盛的中生代，是 2 億 4 千 500 萬年前到 6 千 600 萬年，大約在 1 億 8 千萬年時。

有一種恐龍在地質上生存了大約一百萬年。

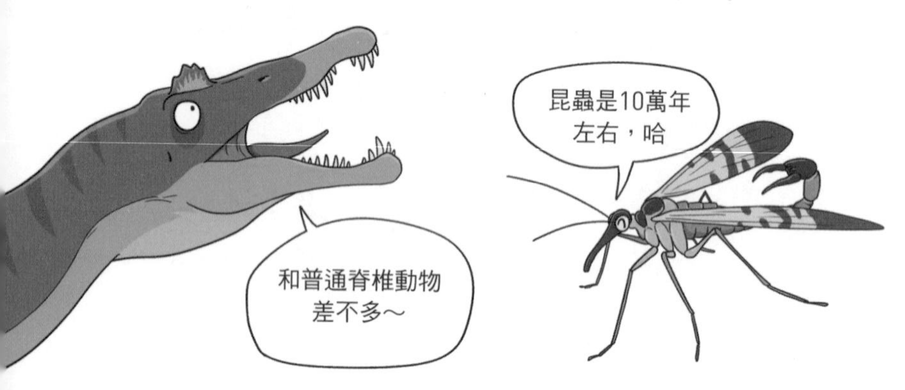

就這樣在這 1 億 8 千萬年期間，不知道恐龍持續用了多麼豐富的樣貌，一邊變化一邊生活。

16話

恐龍的進化史

三疊紀

狩獵巨翅目的濫食龍（Panphagia）

曾在三疊紀時期生活的原始恐龍，
雖然是身長1.3公尺的小恐龍，
但卻是巨大的蜥腳亞目動物的祖先。

地函中的對流導致板塊移動，
使陸地撕裂並疊在一起。

在恐龍初次登場的三疊紀時期，因為大陸是集結成一塊的超大陸，因此恐龍在地理上分佈廣泛。

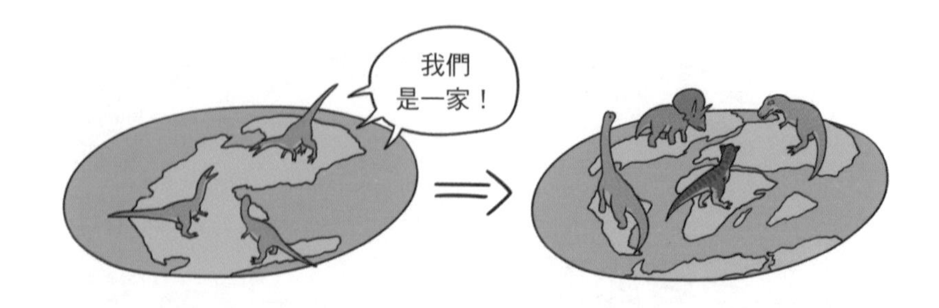

但是侏羅紀和白堊紀時，集結的大陸被分裂成一塊一塊的，恐龍在地理上漸漸被區分化。

之後在二疊紀大滅絕、古生代結束，中生代的三疊紀就開始了。

三疊紀跟現在平均氣溫相比，大約高出攝氏 3 度左右，二氧化碳濃度高出 4.4 倍。

甚至連氧氣濃度都更少，
盤古大陸持續著這乾燥氣候。

大滅絕後在空蕩蕩的生態系中，三疊紀的生物們試圖用很奇怪的方式，來自適應耗散。

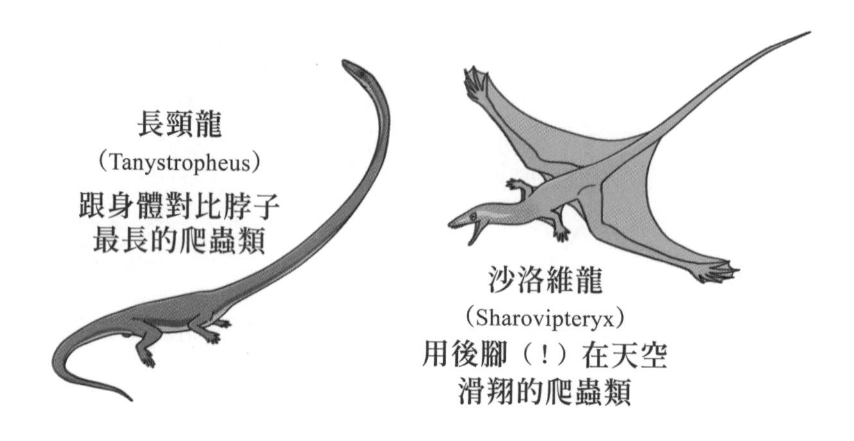

而且這時有孢子的裸子植物製作出「籽」，能在乾燥的氣候中堅持下去得已生存。

過了很久之後，穩定生態系的蜜蜂也出現了。

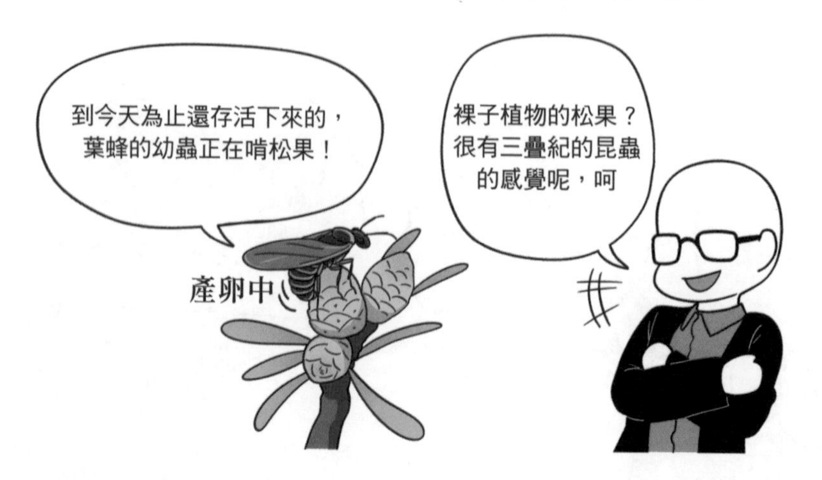

而且在 2 億 3 千 300 萬年，恐龍在現在的南半球登場。

避開 5 公尺長的鱷魚和巨大的單弓類，牠們悄悄地吃掉前面介紹的昆蟲和小動物。

但是包含火山爆發的 200 萬年間，到處都有大洪水發生等等，氣候開始劇烈地變化

雖然這時很多動物都滅絕了，但是具有發達的呼吸系統，和良好活動性的恐龍，非常幸運地存活了下來。

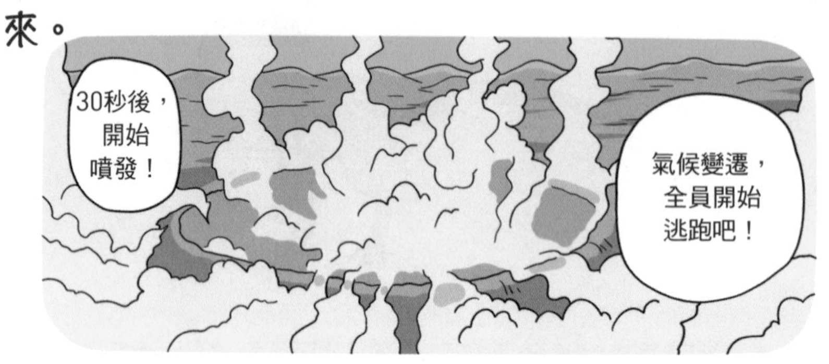

恐龍填補了滅絕生物的空位，自適應耗散開始了。

最早成功的恐龍，是像腔骨龍一樣的肉食性獸腳亞目恐龍。

而且這時的肉食性恐龍，部分是雜食性、部分是草食動物，

其中一部分就是，
當時最大的生物，
原始蜥腳亞目動物。

前面介紹的獸腳亞目和蜥腳亞目，是有相似的骨盆結構，屬於「龍盤目」分類群。

草食性恐龍群被稱為「鳥臀目」，也可能在三疊紀後期的時候出現分化。

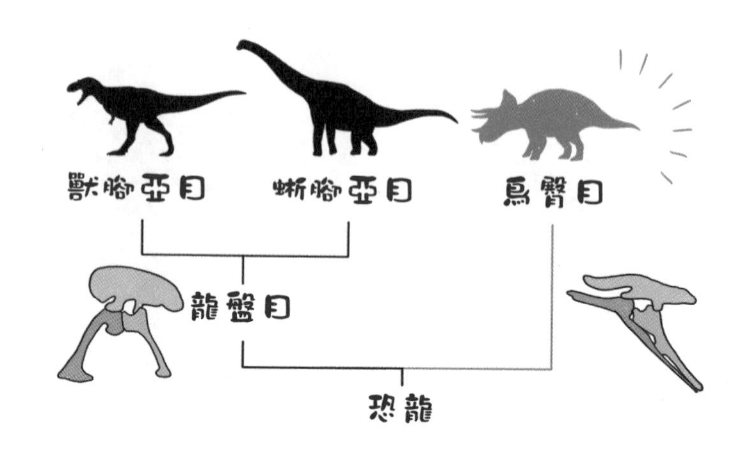

最近有年輕的恐龍學者提出了，一個顛覆現有恐龍分類學的系統模型，某些恐龍學者因此將自己的書籍和論文丟到垃圾桶。

到現在爭論還是很多，在三疊紀時期，不知發生了什麼讓恐龍誕生和分裂。

在三疊紀時和恐龍相似的，有共同祖先的近親翼龍也登場了，在天上飛行獵捕昆蟲。

占了陸上脊椎動物 90% 數量的恐龍到了侏羅紀，接著進入了恐龍的時代。

延伸小知識 # 板塊移動說

板塊移動說是德國氣象學者阿爾弗雷德・魏格納（Alfred Wegener），在1912年發表的地質學模型，是今天板塊構造的起點。當時魏格納在主張板塊移動說提出了多項證據，最具代表性的證據是在非洲、南美洲、印度、澳洲、南極等多處地區，發現了同種古生物化石，但是沒辦法提出能移動大陸的原動力，因此當時並未受到矚目。之後雖然被正名為板塊構造且重新評估，但還是跟現今的板塊構造有些許不同。

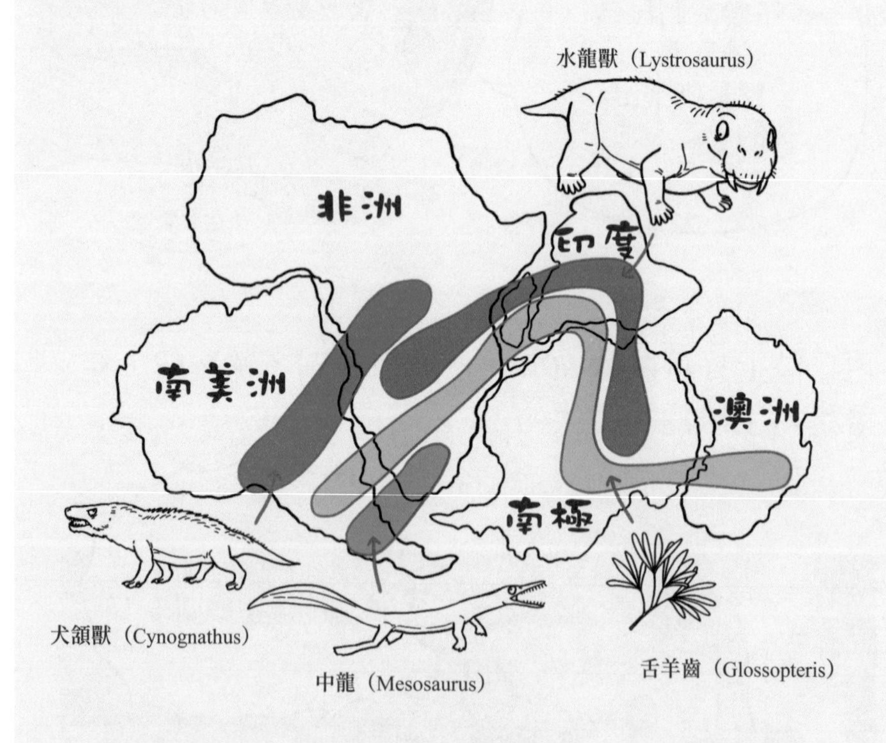

延伸小知識 #雙足步行 vs 四足步行

像是禽龍或是鴨嘴恐龍的鳥腳亞目恐龍，有「只用後腳來走路的雙足步行」與「同時運用前腳走路的四足步行」這兩個爭論，這爭論的答案是「已上皆是」。換句話說，推測平時是四足步行，但奔跑時是雙足步行。

三疊紀時取代巨大草時恐龍，像是板龍（Plateosaurus）的原始蜥腳亞目也存在牠們是雙足步行還是四足步行的爭議。過去對於原始蜥腳亞目也是像前面介紹的鳥腳亞目一樣，認為用四隻腳支撐著沉重的身體走路，奔跑時只使用前側的腳。但是根據最新的研究結果，和這個推論不一樣。首先，鳥腳下目恐龍的前腳比後腳短，而原始蜥腳亞目的前腳連後腳一半的長度都不到，再來原始蜥腳亞目的前腳非常的強壯，但其結構比起支撐身體更是適合用來牢固地抓握東西，更重要的是手臂活動範圍非常有限，身體重心也朝向後腳骨盆，基於這種特徵推斷原始蜥腳亞目是四足步行，但只用後腳來走路。但是原始蜥腳亞目的大椎龍（Massospondylus）幼龍是適合四足步行的構造，幼年時期是四足步行但長大到某一程度就變成雙足步行。

如果說三疊紀是恐龍誕生的巨大分裂時期，

那侏羅紀就是恐龍多樣性爆發的時期了。

這時超大的盤古大陸分成了兩塊，恐龍的生態系和進化史碰到了巨大的變化。

17話

恐龍的進化史

侏羅紀

侏羅紀是在 2 億年到 1 億 4 千 500 萬年前，大約有 5 千 500 萬年的時間。

和三疊紀相同的是，比起現在平均氣溫和二氧化碳濃度都更高，這時的氧氣濃度也更高，一直到白堊紀也是一樣。

三疊紀時期，大陸是合在一塊的盤古大陸，因為非常廣闊，雨和雲沒辦法到達大陸內部，因此飽受極端氣候的折磨。

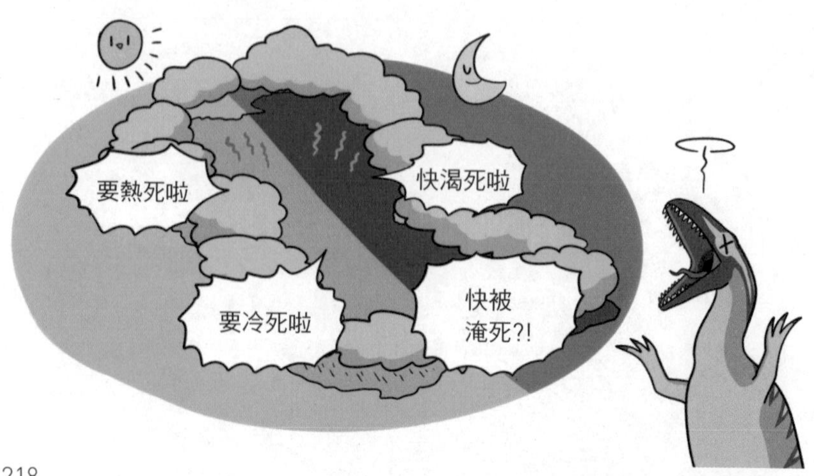

隨著盤古大陸的分裂，無法到達內陸的雨和雲開始向大陸內部移動，形成了整體穩定的溫暖濕潤氣候。

侏羅紀前期，只有幾種恐龍頭上的裝飾非常顯眼…

三疊紀時繁盛的原始蜥腳亞目，也一直活到了侏羅紀前期。

再來，我們所知道部分長頸恐龍的蜥腳下目，初期型態也在這時登場。

很多草食性恐龍的祖先開始陸續出現。

這時以爬蟲類為主題，帶有虎牙的草食性恐龍「畸齒龍（Heterodontosaurus）」短暫出現。

非常重要的一點是，侏羅紀前期和中期之間，有無數恐龍的分支爆發性地出現。

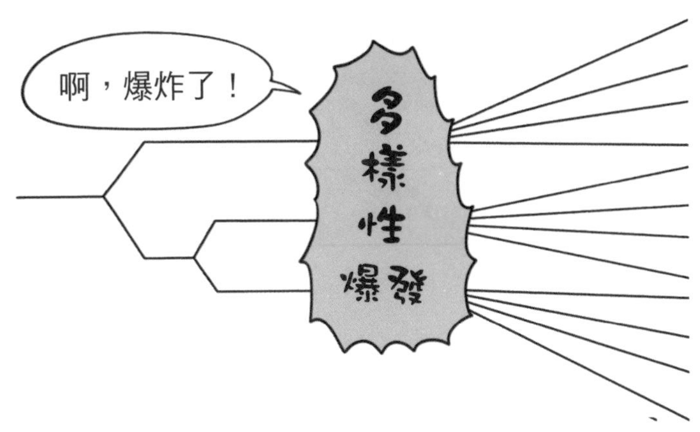

對我們來說很熟悉的侏羅紀的樣子，已經是侏羅紀的後期，隨著蜥腳亞目恐龍為了消化堅硬的植物變大而繁盛。

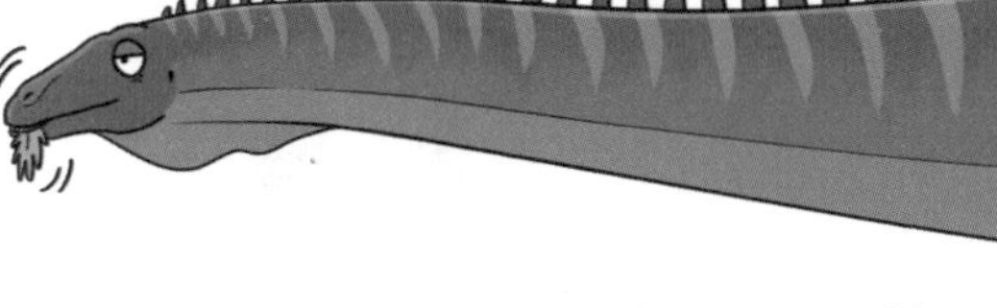

背上背著帆的劍龍亞目恐龍，也隨著體型變大而變得繁盛。

還有把這些抓來吃的獸腳亞目恐龍，也跟著變大而活躍。

而且霸王龍的祖先冠龍，在現今的中國地區出現。

但是侏羅紀後期最重要的事件是，
一部分的獸腳亞目恐龍，
利用了羽毛開始在天上飛行。

這些變成了現今的鳥，存活了下來。

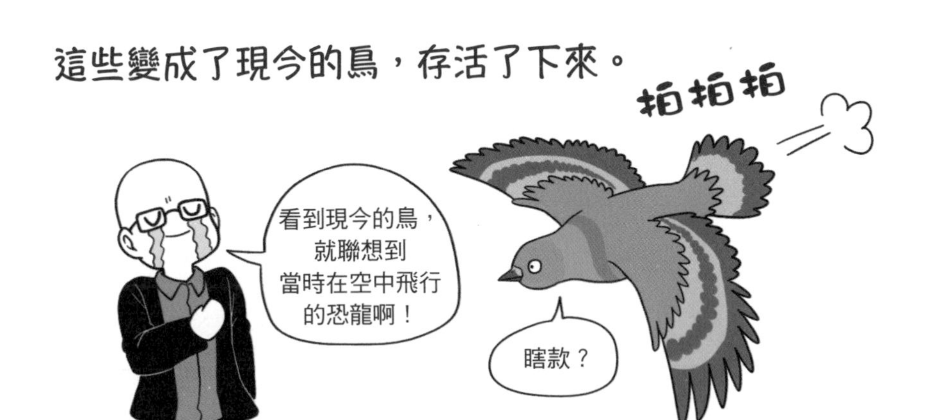

當時在天上飛的獸腳亞目恐龍，有著又長又漂亮的尾巴，和現今的鳥類還是有一點差異。

另一邊，這時期身為人類祖先的哺乳類，以只有手指頭大小的身形，安靜地躲著度過。

由於蜥腳亞目或劍龍亞目恐龍在侏羅紀相當活躍，
因此別的草食恐龍不是很引人注目……

到了白堊紀時，花開了。

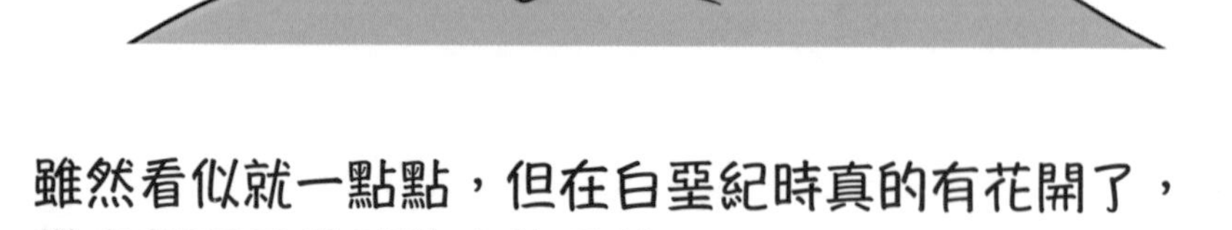

雖然看似就一點點，但在白堊紀時真的有花開了，
徹底顛覆了地球的生態系統。

延伸小知識 #畸齒龍虎牙特別的理由

初期在爬蟲類和哺乳類的共同祖先羊膜動物時期，後來進化成下巴肌肉附著在眼睛後方，有兩個孔洞的雙孔亞綱爬蟲類動物；和下巴肌肉附著在眼睛後方，只有一個孔洞的合弓綱哺乳類類動物。這時和固定著兩個孔洞的下巴肌肉的雙孔亞綱比較，固定著一個孔洞的合弓綱，下巴活動較為柔軟又自由，前牙、虎牙、後排牙齒等，開發分化成各種多樣機能的牙齒。另一邊下巴活動較單純的雙孔亞綱，牙齒種類就侷限在一種，所以在雙孔亞綱中，有虎牙的畸齒龍就真的是非常特別的案例。

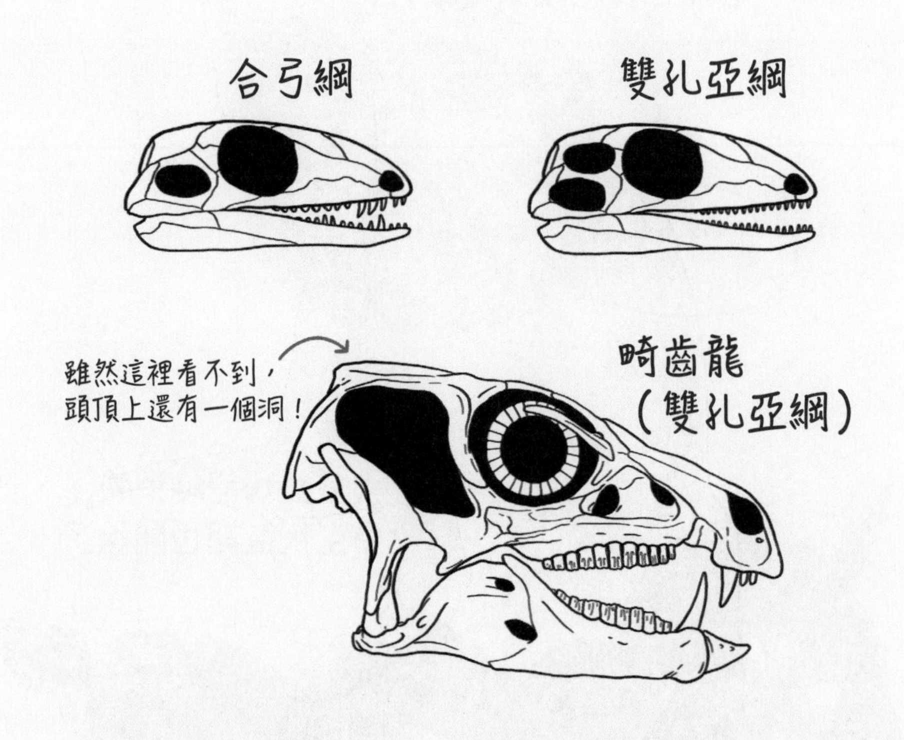

在白堊紀時，分裂的大陸變得越來越破碎。

當然，恐龍也在地理上更細分化。

大多數恐龍都消失了，
中生代後期也開始了。

18話
恐龍的進化史
白堊紀
在日本辛夷樹根上睡覺的霸王龍
在發現霸王龍的地獄溪層中，出現包含
日本辛夷在內的許多被子植物化石。

白堊紀是在1億4千500萬年前到6千6百萬年前，大約6千900萬年左右的時間。

不論南半球和北半球，在侏羅紀時盛行的劍龍亞目和蜥腳亞目，在侏羅紀結束後很多都滅絕了…

但是極少一部分劍龍亞目存活下來，生存在白堊紀前期的中國。

而且劍龍亞目的堂兄弟甲龍亞目最後則取代牠，一直活躍到白堊紀末期。

一部分蜥腳亞目在白堊紀存活下來前，在各地區再次繁盛，特別是在南半球迎來了第 2 次的全盛期。

這時盛行的蜥腳亞目，是陸上體型最大的動物。

在南半球的蜥腳亞目，用魁梧的身體享受第 2 個全盛時期時，

北半球稱為角恐龍的角龍亞目也盛行起來，以各式各樣的樣貌出現。

這時角龍亞目的近親，一種稱之為頭槌恐龍的厚頭龍亞目也出現了。

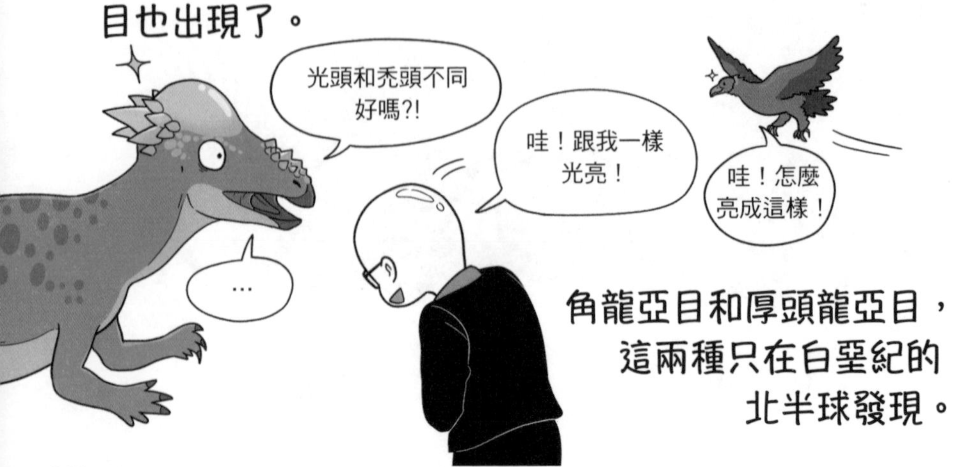

角龍亞目和厚頭龍亞目，這兩種只在白堊紀的北半球發現。

從侏羅紀開始就安靜生活的草食性恐龍，也從白堊紀開始受到鳥腳亞目的威脅。

用精緻的牙齒和進化的喙來咀嚼食物，在全球壯大起來。

這之中有些鳥腳亞目的身體進化到巨大尺寸，佔據了蜥腳亞目的生態地位。

獸腳亞目的進化史，就如同時代的變遷演變著。

侏羅紀時那樣吃香的異特龍，在白堊紀時一下子直接滅絕。

出現了像是棘龍或是南方巨獸龍（Giganotosaurus）這種比霸王龍更大的獸腳亞目，被定位為捕食者。

大致上在北半球，包含霸王龍在內的虛骨龍類獸腳亞目，正多樣化的發展。

原本肉食性的獸角亞目中，在北半球中的虛骨龍類，一部分是朝著有草食的雜食性習性去改變。

這多樣的獸角亞目在白堊紀時不是突然出現的，大部分在侏羅紀初、中期就已經有支脈分出。

我們是三疊紀的啦！哈哈

三疊紀	侏羅紀	白堊紀

角鼻龍屬

堅尾龍類（Tetanurae）

始祖鳥

鳥類

侏羅紀真是太了不起了！

銘記始祖鳥是在侏羅紀！！

上圖是簡單表示，實際上侏羅紀時期有非常多的分支。

屬於獸腳亞目一部分的鳥類，也從這時開始朝多樣的分支分化，代表性的就是現今的雞、鴨和鴕鳥的分群，從那時候就開始了。

但是恐龍並不是各自在分開的大陸上去細分的。

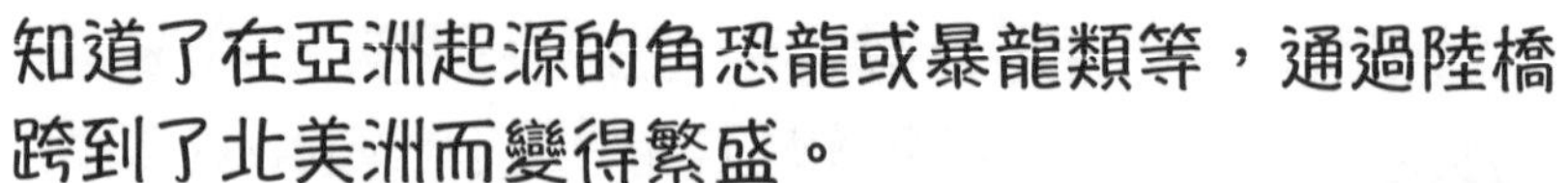

知道了在亞洲起源的角恐龍或暴龍類等，通過陸橋跨到了北美洲而變得繁盛。

跨過這陸橋的櫛龍（Saurolophus），在北美洲和東亞都有被發現。

但是在白堊紀進化史上最重要的，就是會開花的被子植物的出現。

被子植物和既存的植物不同，透過與昆蟲直接合作來受精的方式，積極地成長茁壯。

這時一起變得非常繁盛的蒼蠅、蜜蜂、甲蟲和蝴蝶，一直到今天都握有生態系的主導權。

雖然不能準確地知道，白堊紀後期登場的被子植物，對恐龍的進化史有多瘋狂的影響。

被子植物登場後，白堊紀後期的生態系和先前變得完全不一樣。

值得注意的是，到現在所知道的中生代恐龍裡，有半數在白堊紀後期存在 2000 萬年。

但是如此多樣化的恐龍，在花開平和的白堊紀時，

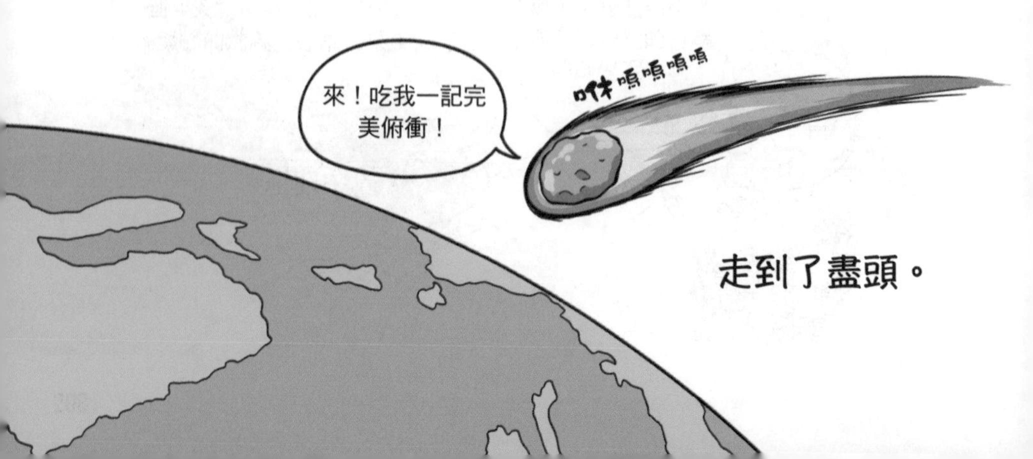

走到了盡頭。

附帶一提…
在被子植物出現之前，在地面上是沒有稱為「草」的植物，這是因為草是屬於「禾本科」的被子植物。迄今為止最古老的草的痕跡，是在印度的白堊紀後期，在恐龍的糞便中被發現的。

所以有時在恐龍的圖鑑上，
看到畫出草坪或是細長的草，這大部分是錯誤的，
除非是在白堊紀晚期的印度。

像是劍龍或腕龍，在侏羅紀時的草食性恐龍，
草都沒有放到嘴裡過。

那麼當時荒涼的土地上都長了些什麼？
因為現今大部分都是被子植物，雖然很難想像，但最原始的陸生植物，像蕨類植物或苔癬、馬尾植物等，都是地球上的第一批植物。

延伸小知識 #朝鮮半島的白堊紀

在朝鮮半島發現的恐龍，全部是白堊紀恐龍，可以想像朝鮮半島白堊紀時期的樣子。

在京畿道華城，發現白堊紀前期為角龍亞目恐龍的「朝鮮角龍（Koreaceratops）」；在慶南河東郡，發現白堊紀前期的長頸恐龍，雖然曾經有「釜慶龍屬」的學名，但在澄清分類學的位置時，因為化石太零碎，學名就消失了，這長頸恐龍的尾骨有被大型肉食性恐龍咬過的痕跡，因此得知當時有獵捕長頸恐龍來吃的肉食性恐龍一起生存著。

在慶南寶城郡，白堊紀後期為鳥腳亞目的「韓國龍（Koreanosaurus）」恐龍的蛋巢堆，和稱為正龍（Asprosaurus）的巨型蜥蜴一起被發現，恐龍蛋的主人是不是韓國龍不確定，但至少可以由恐龍是以群體型式產卵這點，和韓國龍恐龍蛋的幼龍會被正龍獵取的種種證據推測出來。

在慶南晉州市，發現數千個白堊紀中期的恐龍腳印，有世界上最多數以及世界上最小的恐龍腳印。

除此之外，也發現了推斷為暴龍類或高棘龍的肉食性恐龍牙齒，以及到現在也很難區分是哪個種類的骨頭碎片和蛋殼碎片等東西。

天文學者卡爾薩根（Carl Sagan），在 1980 年所著作的科普讀物《宇宙》第 2 部，解釋了生命的歷史。

在當時的科普讀物中，介紹恐龍滅絕的部分，都因為還不知道原因而跳過…

10年後，在更新版本中，頭髮變白的卡爾薩根，再次提出糾正恐龍滅絕的相關看法。

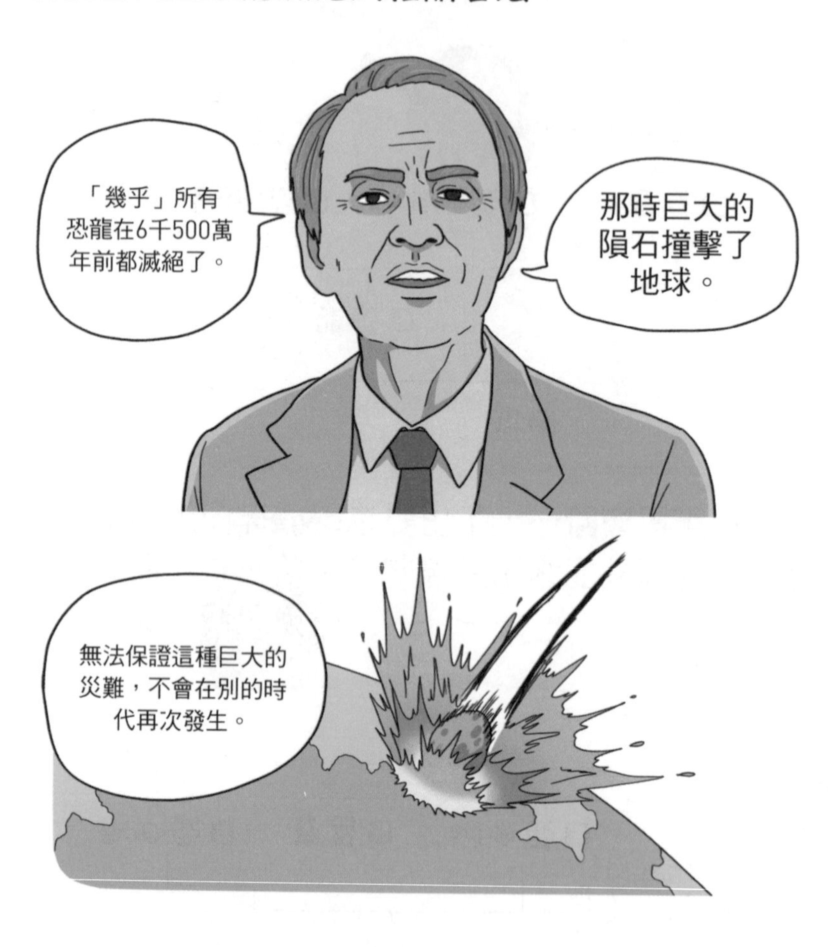

這裡值得注意的是「幾乎」。

19話

恐龍的進化史

新生代

現今信天翁的屍體

肚子被人類丟棄的塑膠垃圾塞滿。

雖然有恐龍滅絕相關的各種學說，其中墨西哥的猶加敦半島的小行星撞擊說，是最有名的。

在中生代和新生代的地層交界處，經常從隕石中發現非常豐富的銥元素…

還有在猶加敦半島，觀察到直徑 180 公里的隕石坑。

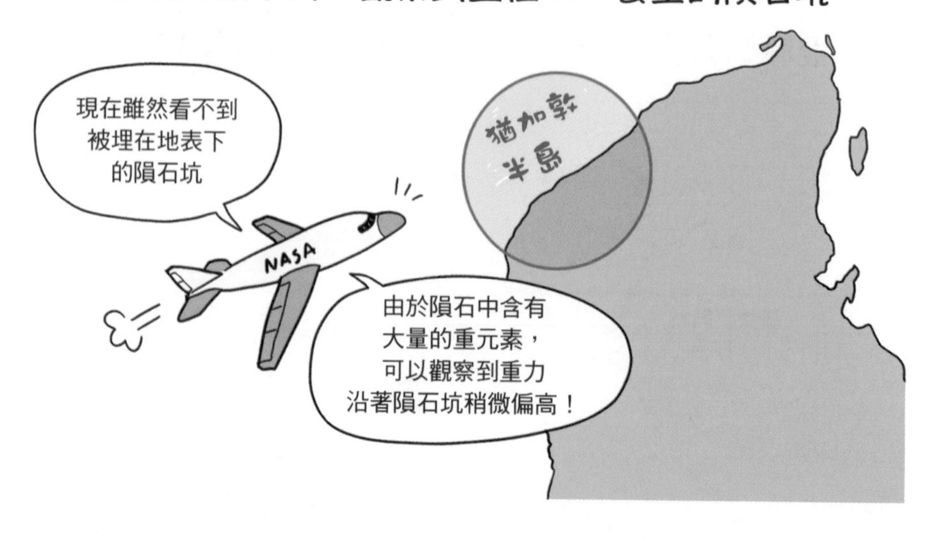

這事件稱為「白堊紀古近紀滅絕事件（K-Pg 大滅絕）」，這時無數的恐龍和巨大爬蟲類都滅絕了…

稱為鳥類的一部分獸腳亞目恐龍存活了下來，在新生代中迎來了第 2 個全盛時期。

新生代從 K-Pg 大滅絕後開始，
6 千 600 萬年前
開始到今天的意思。

新生代初期哺乳類，沒辦法立刻
全部補上恐龍的空位，

因此，獸腳亞目恐龍將這空位取代了。

在美洲，6 千 200 萬年前開始到 200 萬年前，很長一段時間都被一個稱為駭鳥的巨大鳥類，作為最上位捕食者統治。

和駭鳥差不多時期，在紐西蘭的海洋中，企鵝的分支出現了。

更別說巨大的翼龍消失後，只留下鳥類的天空。

曾在中新世後期出現的阿根廷巨鷹

雖然和駭鳥類似，實際上跟現今的鴨子更為接近的冠恐鳥（Gastornis），是巨大的草食性鳥類，在北半球出現。

現在的鳥類在所有的大陸上繁榮壯大，包含南極。

天空、叢林、草原、沙漠等，不管生態系的氣候如何，
鳥類在地球各個地方都能生存。

雖然經常稱新生代是哺乳類的時代，
事實上是第 2 個恐龍時代。

也就是現在的鳥類物種非常多樣性，比哺乳類高出兩倍。

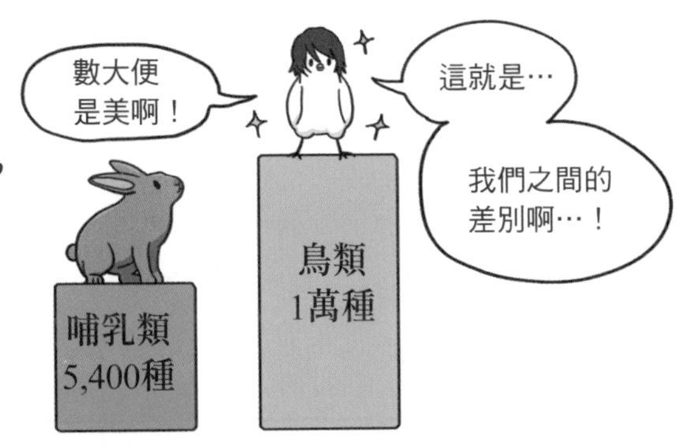

所以恐龍的種類，在中生代的 600 種和現今的 1 萬種，合在一起共 1 萬 600 種。

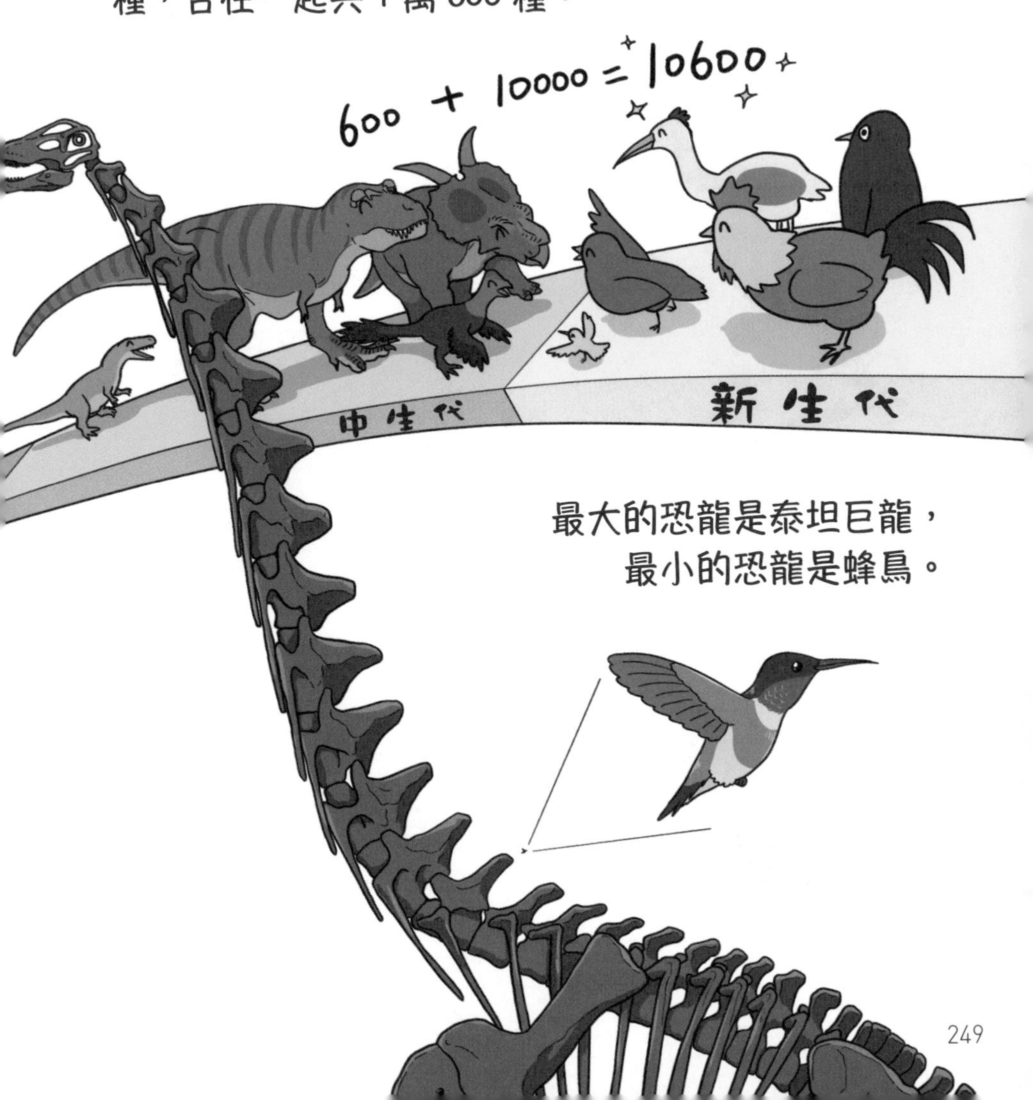

最大的恐龍是泰坦巨龍，最小的恐龍是蜂鳥。

但是現在有很多鳥類，因為人類的關係正在快速的滅絕。

這種大量滅絕事件，在地球歷史上定為第6次大滅絕，還有將現在的地層定義為「人類世」，一個單獨的地質時代。

說個有趣的事情！有一論點指出，現在地球表面上發現最多的骨骼是「雞」骨頭，作為人類世的標準化石。

就是這樣，恐龍是代表中生代和新生代的生物。

延伸小知識 #最大的恐龍是？

如前面所說的，最小的恐龍是蜂鳥，那麼最大的恐龍是什麼？又有多大呢？在最巨大恐龍的名單中，所列的恐龍都是長頸恐龍，但是很可惜的這些恐龍都不是實際尺寸，而是透過剩下部份化石來計算的關係，只是一個估計值。

這之中「波塞東龍（Sauroposeidon）」的頸椎雖然僅發現4、5塊，但用既有分類群的比例去推算，預測大約會有到34公尺高。「阿根廷龍（Argentinosaurus）」是發現他們的脊柱和腿骨部份，透過這個推測其高度應該有26～34公尺高。過去雖然稱之為「地震龍（Seismosaurus）」，但最近梁龍屬統合後改稱為「豪氏梁龍（Diplodocus Hallorum）」的恐龍，過去推測有52公尺，但最近改為35～40公尺。1877年發現了1.5公尺「雙腔龍（Amphicoelias）」的巨大脊柱片段，萬一這是真的的話，就可以稱為巨大恐龍的王者。不過牠的存在依然受到存疑，是以當時剩下草圖和數值來計算，推測是40～60公尺或是80～100公尺以上的巨大恐龍。另外，發現豪氏梁龍的人不是恐龍學者而是昆蟲學者，昆蟲學者萬歲！

延伸小知識 #冠恐鳥的食性

恐龍的食性是以牙齒型態來判斷，不用牙齒而用喙的鳥類，根據食性也有不同形狀，因此可以透過喙來推斷其食性。首先，從關於查爾斯達爾文的進化論得到的想法，根據食性不同，雀類有不同喙的形狀，但是這些猜測有時候是錯誤的，冠恐鳥就是這樣。冠恐鳥的頭骨長度有超過50公分，同時喙又非常大且厚重，頸椎很強壯且運用非常大的力氣來啄食，因此被認為是肉食性鳥類，曾經和恐鳥一起，以過去新生代中的巨大鳥類捕食者而命名。但在2013年，從冠恐鳥的骨頭化石中的鈣含量調查結果中發現，這恐龍是草食性的事實。跟肉食性動物相比，草食性動物的鈣質攝取機會較少，所以鈣含量比較低，冠恐鳥的骨頭化石中觀察到的鈣含量是草食性動物的水準，大概是用這個巨大又厚重的喙來大口大口嚼食食物的樣子。反正因為這個關係，我們失去了一個又帥又巨大的恐龍。

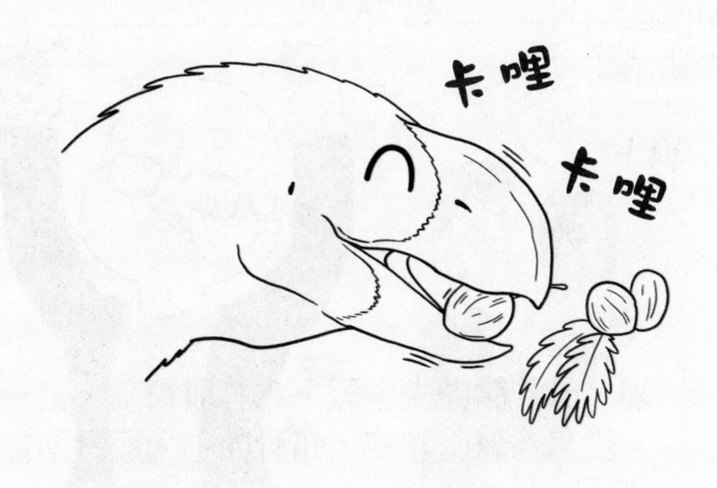

曾經有過這種事件。

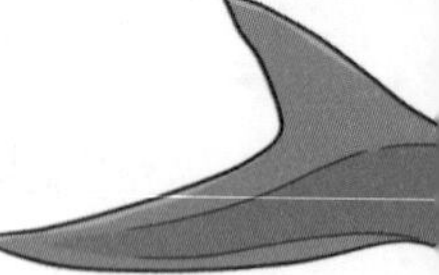

能在我的漫畫
中找出拼寫
錯誤的人，
選出5名送出
「滄龍牙齒化石」！！
哈，你太小看自己了啦
XDDDD…
哇嗚，歐巴！
我也想要那個
恐龍化石。
潮哥
驚嚇
…!

20話

什麼是恐龍呢？

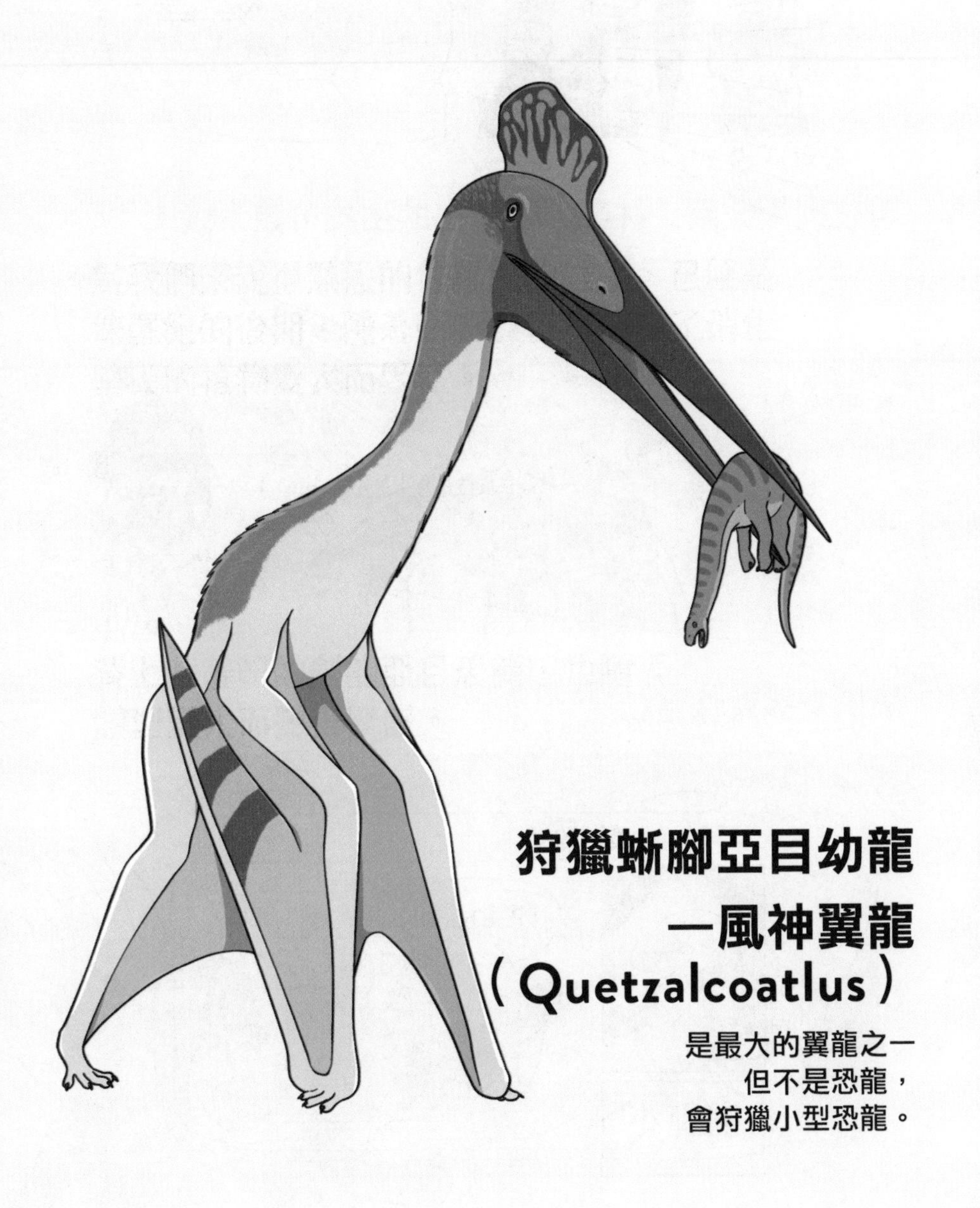

以前的人們用多樣化的基準來分類生物。

現在則是使用「林奈」所做出的生物分類系統。

舉例來說就像這樣。

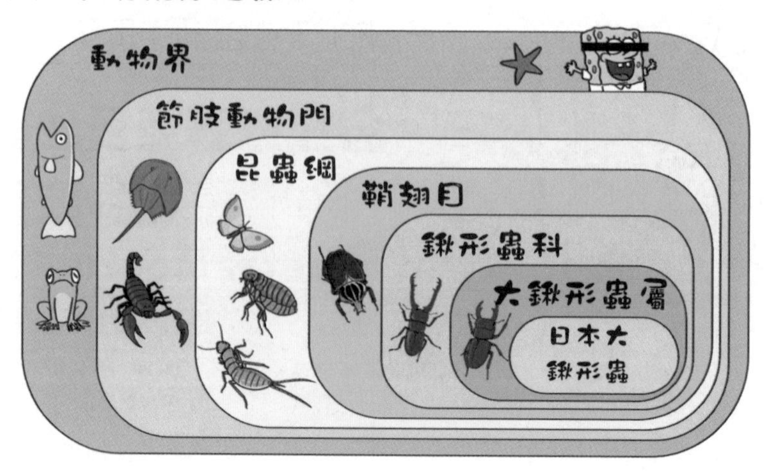

然而，這是一種適用於今日生物的形式，來自於進化前的思想，即物種永不可變。

應用於過去生物或種類概念模糊的生物，是有點曖昧…

即使如此，一樣用這分類系統來檢視恐龍的話，恐龍就是爬行綱恐龍總目的生物群體的意思。

換句話說，恐龍是爬蟲類。但是恐龍和其他爬蟲類比較，有幾個明顯的特徵…

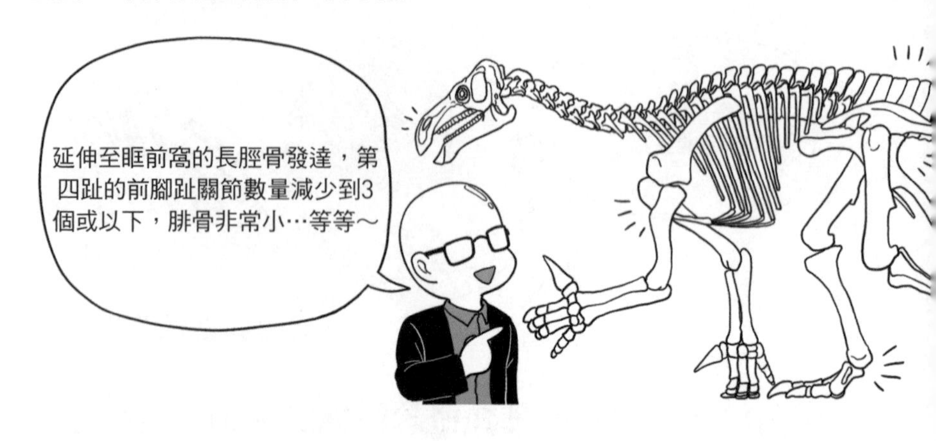

最大的特徵是向下伸直的腿。

特別是和筆直向下伸直的腿，對上的骨盆上有洞，大腿骨像是塑膠模型組合一樣，是個獨特的特徵。

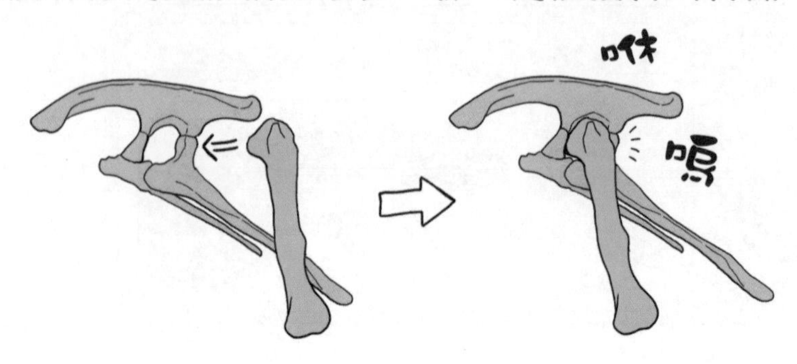

這特徵在鳥類身上也有發現。

所以鳥類就是恐龍。

就像我們不是類人猿的後代，而是類人猿的意思，
鳥不是恐龍的後代，而是恐龍。

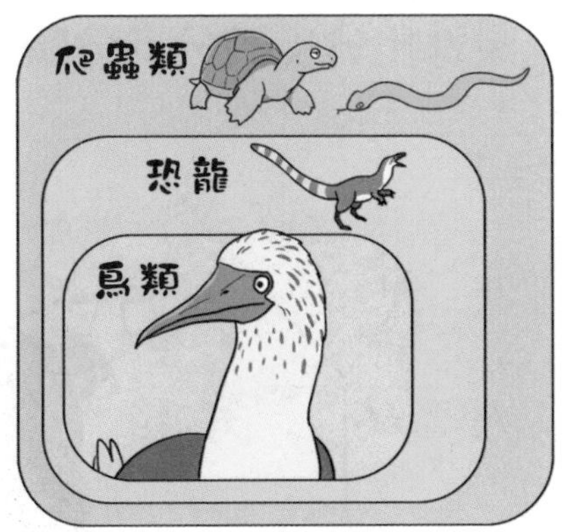

前面說恐龍是爬蟲類，那麼依據過去的分類，鳥類也是歸屬於爬蟲類中，這種令人無語的狀況發生了。

在這裡爬蟲類是包含鳥類的概念，所以說這兩個合在一起稱為「蜥形綱」

最近在這領域中，林奈的生物分類法則被捨棄，繪製進化分支的分支分類法是趨勢。

若以這觀點來看，曾在海洋生活的
滄龍大腿骨沒有插在骨盆洞上，
系統上來說不是恐龍，
反而是跟現今的巨蜥較為接近。

曾在相同時代生活的翼龍、魚龍、蛇頸龍也都不是恐龍！純粹是別種爬蟲類。

中生代不是只有恐龍，
而是由多樣化的爬蟲類各自聚
在一起形成了生態系。

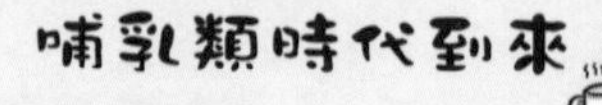

延伸小知識 # 不是恐龍的傢伙們

過去的巨大爬蟲類，有非常多被誤會成恐龍的情況。

1. 翼龍

雖然是和恐龍近似的爬蟲類但不是恐龍，牠是第一個在昆蟲之後飛行的脊椎動物。根據最新研究，牠似乎非常擅長飛行，這與之前既有觀念不同。而世界上發現最大的翼龍腳印在韓國。

2. 魚龍

為了適應海洋生活，完全獨立進化的爬蟲類，與恐龍完全沒有關連。水中生活進化後，在侏羅紀初期大繁盛，在白堊紀中半比恐龍先一步滅絕，有發現於生產時死掉的化石，認為其為卵胎生。

3. 蛇頸龍

蛇頸龍也是為了適應海洋生活的爬蟲類，和魚龍及恐龍都沒有關連。雖然以長頸出名，但也有許多短頸種類，蛇頸龍的「蛇」會誤以為與「水」相關，但因為是長頸，所以是代表頭部的「首」的意思。

4. 滄龍

滄龍也是適應海洋生活的爬蟲類，同樣的和魚龍、恐龍及蛇頸龍都沒有關連。像前面說的和現今的巨蜥非常地相近，大概是相同的巨蜥之故，偶爾會和脖子短的蛇頸龍類搞混，但可以從滄龍的長尾巴輕易的區分出來。

5. 異齒龍（Dimetrodon）

異齒龍不只是爬蟲類，在和現今滅絕分類群中的合弓類中，反而與哺乳類更接近。甚至不是出現在恐龍生存的中生代，而是古生代生存的動物，很多製作粗糙的恐龍書籍誤把異齒龍介紹為恐龍。

一對三角龍口渴來到湖邊，

這時可怕的捕食者
霸王龍正緊盯著
他們兩個。

有一隻成功地逃跑，另一隻留下來準備反擊。

21話
作為生態系成員的恐龍

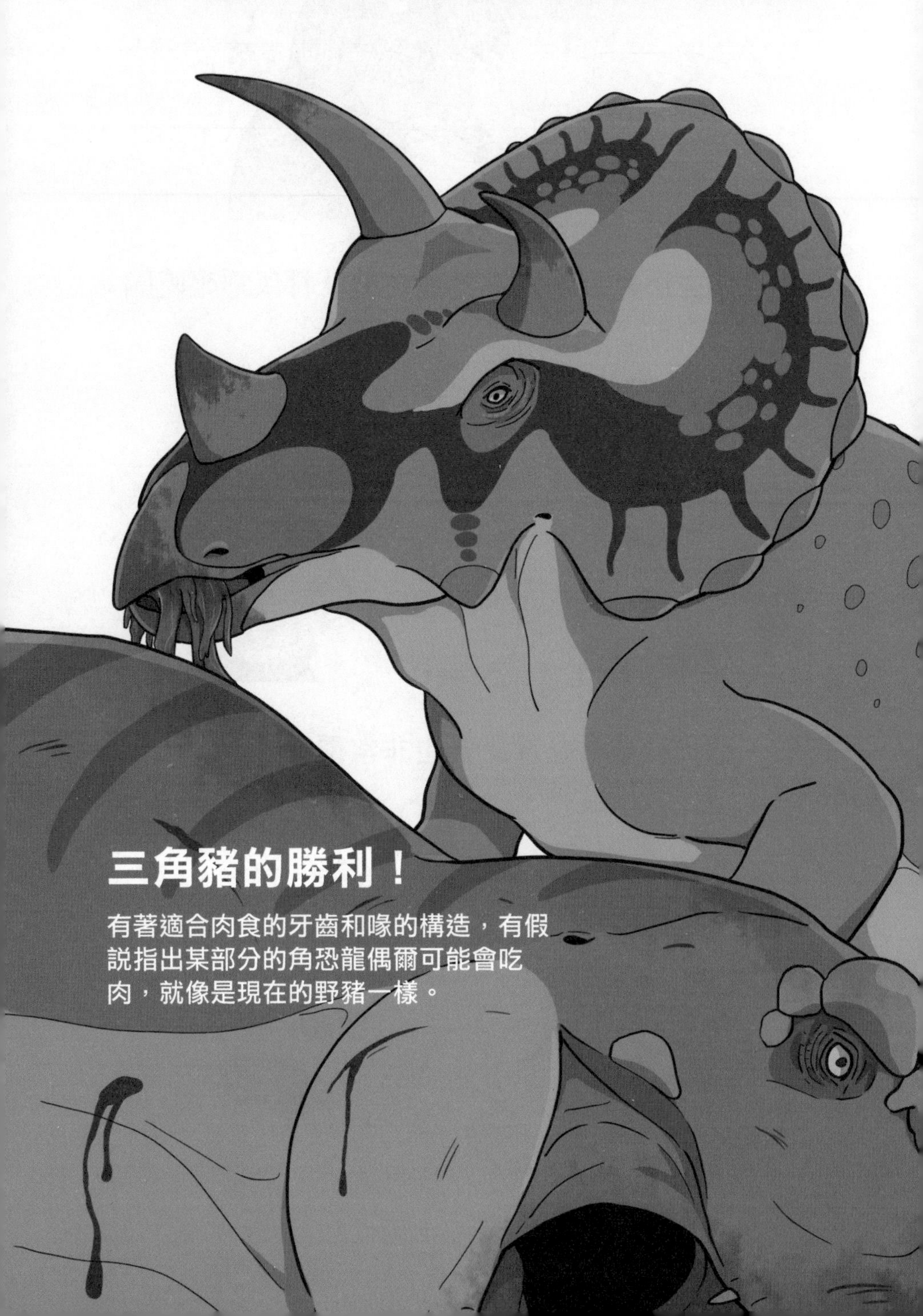

三角豬的勝利！

有著適合肉食的牙齒和喙的構造，有假說指出某部分的角恐龍偶爾可能會吃肉，就像是現在的野豬一樣。

剛才的畫面，在很多恐龍相關的報導中經常能看到。

但是恐龍並不是經常渴望鮮血、彼此打架抓來吃的古代戰鬥怪獸。

當然，獵物和獵食在進化史也非常重要！

現在的捕食者們也並非經常渴望鮮血而到處捕獵，反而大部分時間都在睡覺。

再來看現在還存活的恐龍，也是這樣生活著。

以前的恐龍也是這樣的。

在過去的中生代，
恐龍的地位並不是獨自在
生態系中高高在上的。

意外地有非常多爬蟲類、哺乳類和兩棲類，互相競爭並生存。

不只是牙齒，陸上覆蓋的植物面積有 1 億 5 千萬公里，在太陽下山前透過光合作用，供給生態系基礎能量。

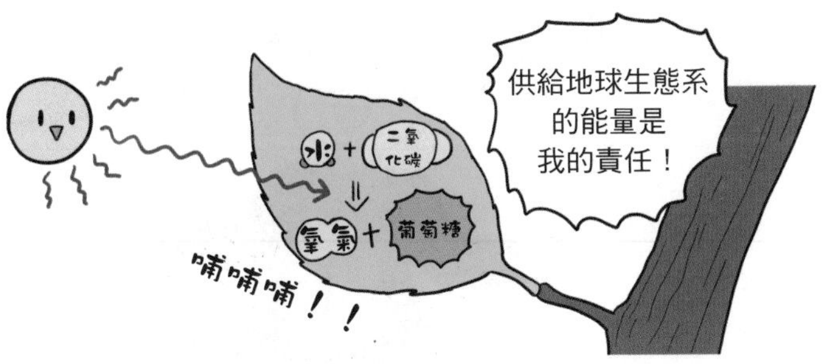

許多昆蟲作為捕食者、獵物和分解者，是動物和植物兩邊都不可或缺的存在。

特別是石炭紀後，在地球生命的歷史中，
無數的植物和昆蟲相互作用，
主導陸上的生態系。

地球表面上的無數微生物也是不容忽視的。

細菌是作為分解者，對生態系的物質循環有很大的貢獻。

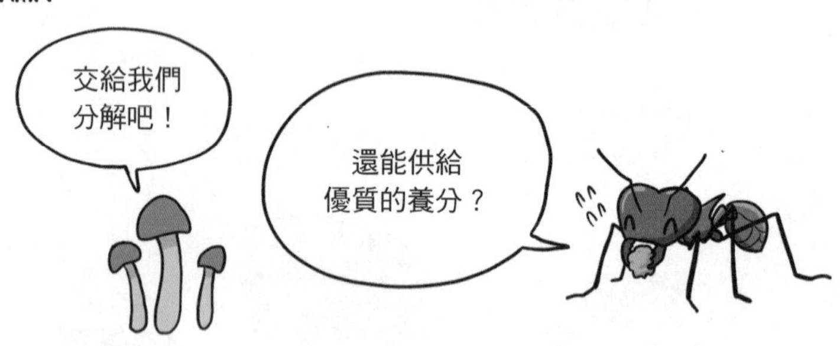

除了細菌外，體內中還有許多必須以共生關係生存的微生物。

現在的恐龍會得禽流感，代表中生代的恐龍也可能會感染病毒而引起疾病。

前面看到的，像是大陸移動和隕石撞擊的地質事件，過去的生態系也一點一點的改變。

就這樣豐富的生態系成員圍繞著恐龍，形成一個像是網路一樣的複雜生態系。

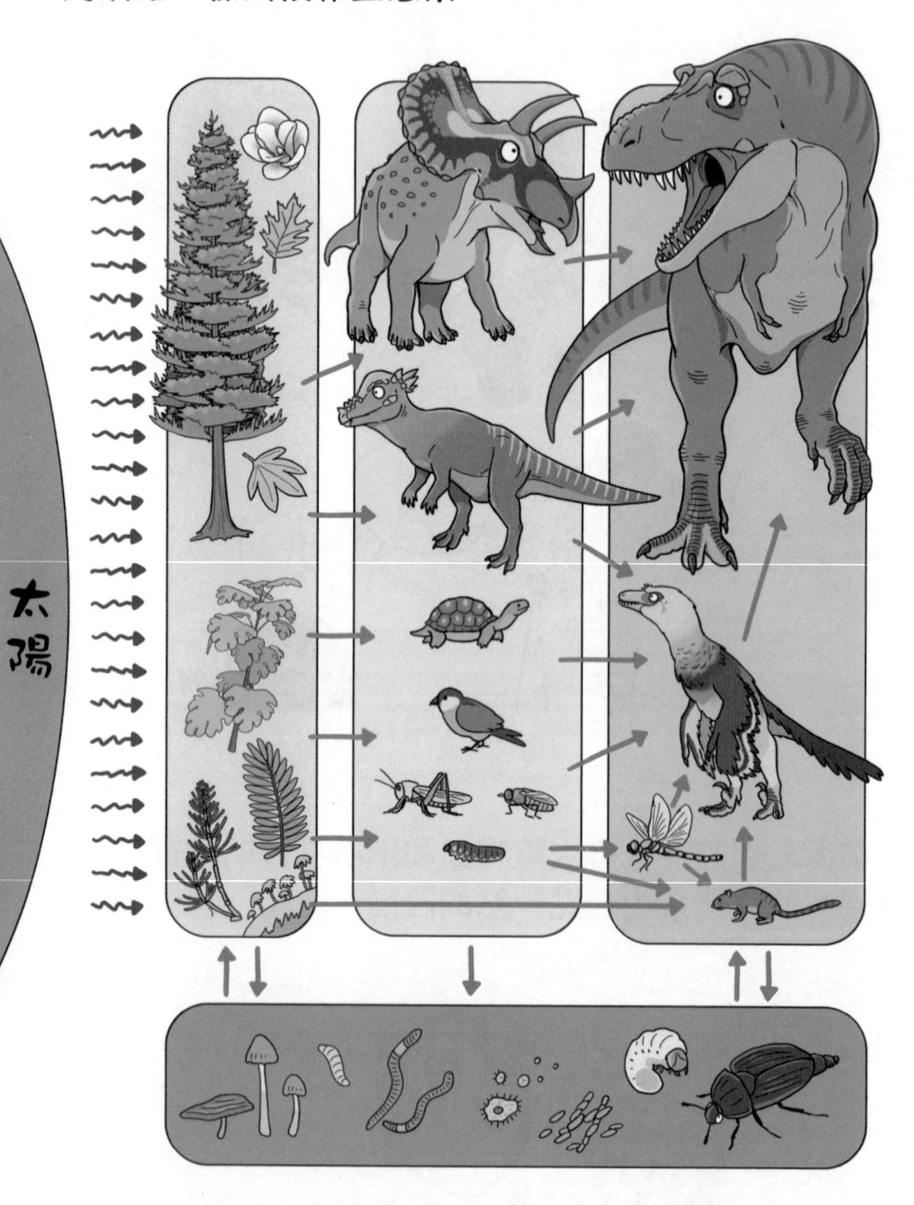

恐龍不是巨大的暴力莽夫，是生態系組成的其中一個動物。

恐龍就是一種特別又有趣的生物啊！

恐龍的奇特外觀、體型大小不一，經過長時間的繁衍與進化，最終消失在地球上…

到今天我們也是透過新發現的化石和最新的實驗技術，來更了解與恐龍相關的資訊。

頭骨則用電腦斷層攝影，來研究恐龍的頭部。

利用同位素分析也了解了體溫。

透過電子顯微鏡掃描，還了解到恐龍的顏色。

因此在恐龍研究的過程中，
會不斷修復的恐龍外觀，
而這個過程到現在
仍是現在進行式。

前面出現的恐龍研究，打破了我們既有的觀念，一直出現恐龍的新樣貌。

至今我們還沒辦法挖掘到
無數被埋在地下的恐龍

但恐龍們仍然和我們生活在一起。

恐龍族譜

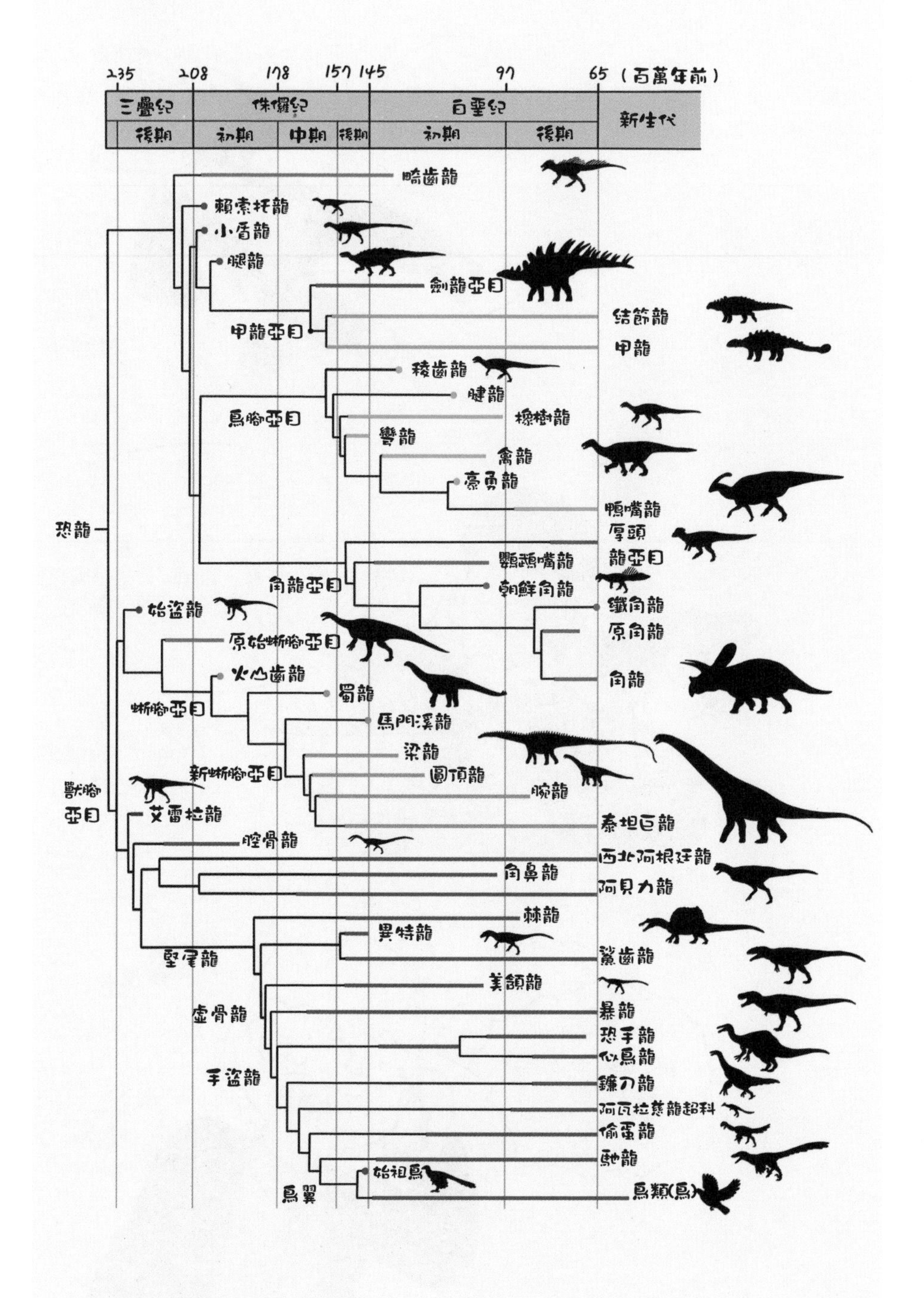

235
208
178
157
145
97
65（百萬年前）
三疊紀
侏儸紀
白堊紀
新生代
後期
初期
中期
後期
初期
後期
畸齒龍
賴索托龍
小盾龍
腿龍
劍龍亞目
甲龍亞目
結節龍
甲龍
稜齒龍
腱龍
橡樹龍
鳥腳亞目
彎龍
禽龍
豪勇龍
鴨嘴龍
恐龍
厚頭
龍亞目
鸚鵡嘴龍
角龍亞目
朝鮮角龍
纖角龍
始盜龍
原角龍
原始蜥腳亞目
角龍
火山齒龍
蜀龍
蜥腳亞目
馬門溪龍
梁龍
新蜥腳亞目
圓頂龍
腕龍
獸腳
亞目
艾雷拉龍
泰坦巨龍
腔骨龍
西北阿根廷龍
角鼻龍
阿貝力龍
棘龍
異特龍
堅尾龍
鯊齒龍
美頜龍
虛骨龍
暴龍
恐手龍
似鳥龍
手盜龍
鐮刀龍
阿瓦拉慈龍超科
偷蛋龍
馳龍
始祖鳥
鳥翼
鳥類(鳥)

某天接到首爾大學古生物學研究室的電話。

外傳1
繪製新型恐龍復原圖

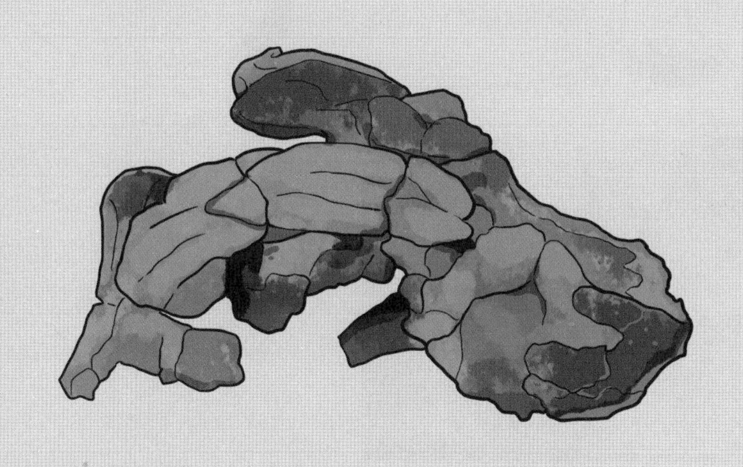

繪製復原圖之恐龍的下顎化石

雖然說我不是第一次做古生物復原圖…

（在地質博物館可以看到我畫的4公尺長的古生代初期、中後期海洋復原圖。）

這次要復原的古生物倒是我第一次接觸，正好是隻恐龍！

事實上這次委託我復原恐龍的，是在以前訪問研究室時就看過的傢伙。

無論如何，我還是打起精神開始工作。

蒙古 Nemegt（內梅格特）地層中，發現的這個全新恐龍，是前面提到的尾骨模樣和

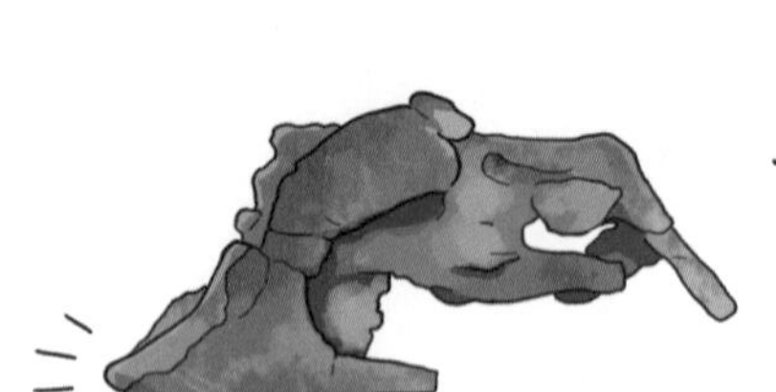

下顎模樣為基礎，得知是偷蛋龍屬的恐龍，

骨骼圖畫成這種模樣。

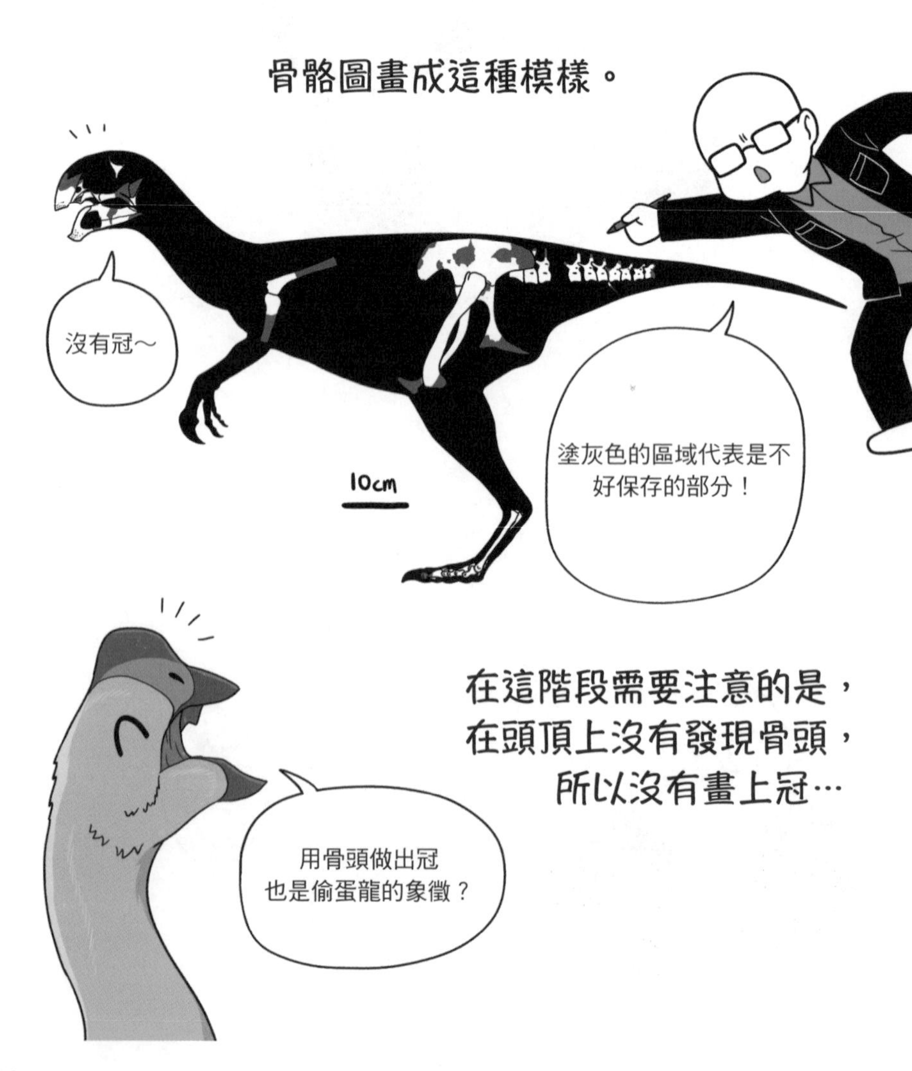

在這階段需要注意的是，在頭頂上沒有發現骨頭，所以沒有畫上冠…

這隻恐龍推測是 1 歲左右的個體，因為在發現的化石遺跡中，幼齡偷蛋龍屬是沒有冠的。

現今有由骨頭構成冠的鶴鴕，在幼齡時也沒有冠。

而且別的偷蛋龍屬恐龍中，也是有沒有冠的傢伙。

結果無法確定到底是因為「幼齡恐龍無冠」或是「長大後是否有冠」，最後就沒有畫上冠了。

就這樣，只有骨頭怎麼知道是小孩呢？研究員是藉由稍微鋸開大腿骨，觀察骨頭組織得知的。

稱為骨元（Osteon）的特定骨頭組織幾乎沒有重疊的部分，還有恐龍大部分出現的成長線也沒看到骨元，基於這兩點原因，知道這是成長了一年的小恐龍。

而且當然有畫上羽毛。

在恐龍的化石中，雖然
沒有直接發現羽毛的痕跡…

偷蛋龍屬，更甚或手盜龍類的恐龍是沒有羽毛的。

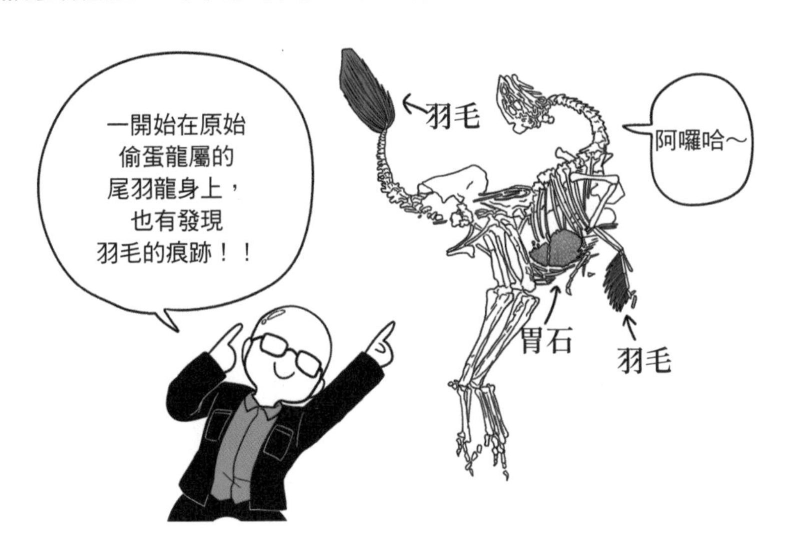

但也有可能是沒發現軟組織存在骨頭上的痕跡也不一定…

一般認為這種華麗的軟組織，是為了性選擇在成年時才需要的器官，在小恐龍時不畫上是合理的。

此外，雖然可以像現在的企鵝一樣，把瘦瘦的骨頭黏上豐滿的肉…

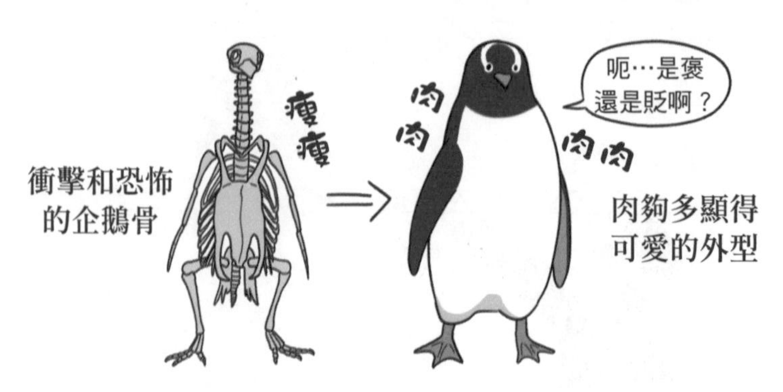

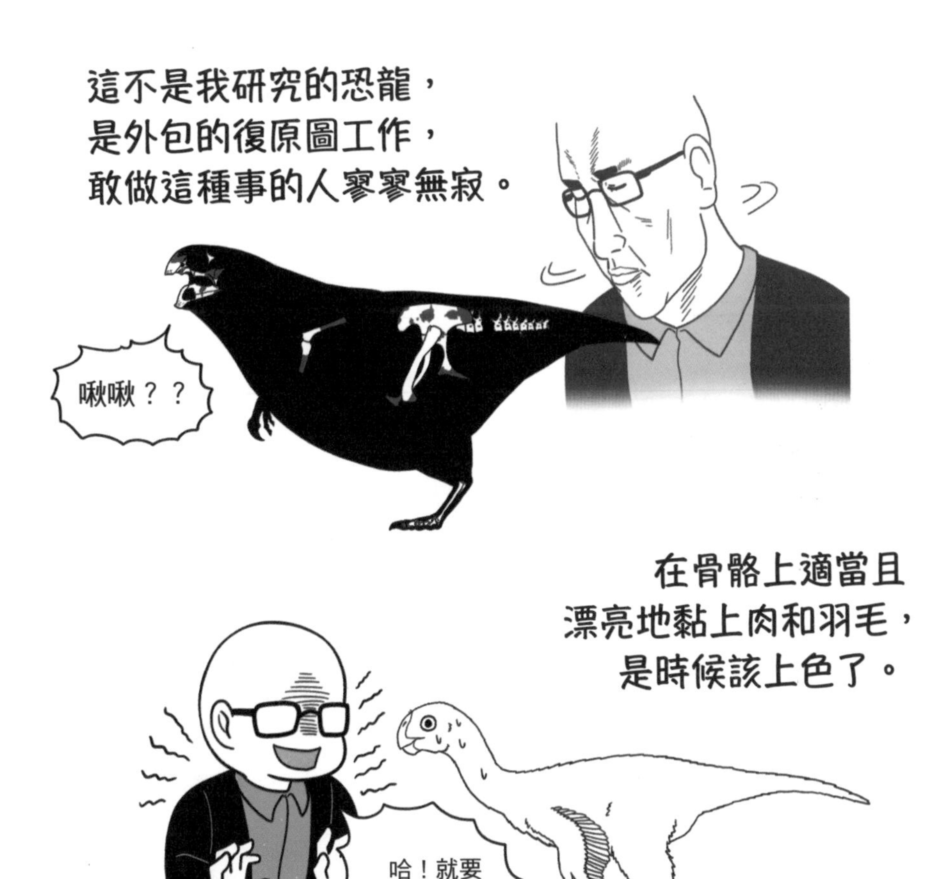

雖然要依據研究結果所得知的顏色幫恐龍上色，但這恐龍沒有留下羽毛也就無法推測其顏色。

所以就算我把這恐龍畫成紛紅色，還可愛地畫上愛心也算合理吧…

現在的古生物復原不是像這樣沒有根據的完成，若研究無法得知顏色恐龍的時，會根據現在生態位置上類似的動物顏色來復原。

動物的突出特徵以及顏色、圖案，
對生存有利及在異性間有人氣的，
每個條件的存在都有合理的理由。

此外，華麗的動物也在幼年時為了生存，塗上髒髒的顏色融入周邊環境。

所以說至少恐龍不會有粉紅色而且還有愛心的樣子。

和鳥類接近的偷蛋龍屬恐龍，與現今在陸地上生活的鶴鴕或鴯鶓，有類似的生存方式也不一定，所以這恐龍是依照鶴鴕或鴯鶓幼齡的顏色來復原。

所以復原圖完成的恐龍是像以下的樣子。

戈壁盜龍
(Gobiraptor minutus)

如果我夠有勇氣，能夠無視所有資訊，隨心大膽的用粉紅色配上愛心～～～

根據合適的推論，像站立時姿勢、如小狗般可愛的水汪大眼，再給他們蓬鬆柔軟的毛髮…

有句台語諺語：
「乖乖睡覺，沒事別作夢。」…

不可愛嗎？

發現戈壁盜龍的蒙古白堊紀後期
Nemegt（內梅格特）地層的復原圖

恐手龍家族一家在水中玩耍
特暴龍盯著眼前的畫面
戈壁盜龍在看到特暴龍後
直覺逃跑…

哺乳動物從岩石上偷偷觀看…
潛進水裡的多智龍（Tarchia）
站在智多龍背上的
特維奧尼斯（ Teviornis）
從青葉林探頭出來被懸崖嚇到的
耐梅蓋特龍（Nemegtosaurus）
做日光浴的烏龜們…

西大門自然史博物館進去後，入口處便有巨大的獸腳亞目恐龍的骨骼迎接我們。

外傳2
西大門自然史博物館
高棘龍

數年間被無數的小孩們誤會成霸王龍，
看著解說牌說出「啊⋯高棘龍？」
我小時候也經常來這裡。

高棘龍也是不遜於霸王龍的帥啊！

體型也與霸王龍不相上下

背上有又厚又短的棘椎突起，

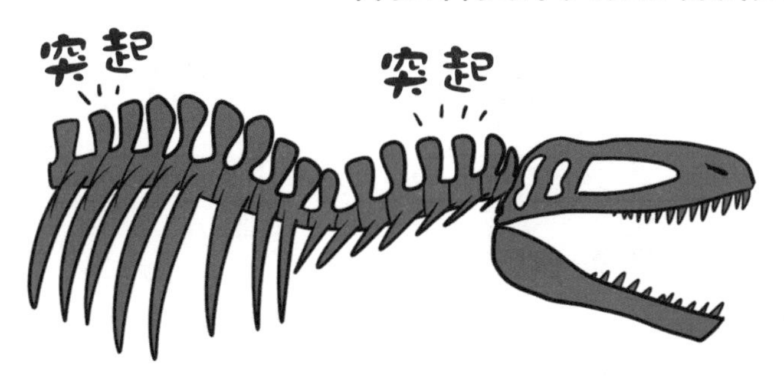

形成了強壯的頸部肌肉。

當時我的學校在西大門附近，不論何時過去都可以看到又帥又大的獸腳亞目骨頭。

每次去都有好多小朋友在前面拍照。

看到孩子們因為看到恐龍，感動到閃閃發光的雙眼，

就想起了我第一次在圖畫書上，看到的大型肉食恐龍的時候～

也許那恐龍造就了無數的科學家也不一定。

有多少小孩子在看著那隻恐龍時，
內心也是興奮不已，
並希望自己未來也能成為科學家。

終

這本書，開頭用「畫一隻霸王龍給我」的小王子請求開頭是我的經驗談，所有的恐龍迷中，雖然幾乎沒有不喜歡霸王龍的，但對於「理想的霸王龍」的樣子都不同。其實我想畫出滿足所有恐龍迷心中理想的霸王龍，但發現不管怎麼畫都畫不出來。第一次畫時因為考證錯誤，然後許多朋友就給了一堆建言，聽著這些意見漸漸練習改善，像是手臂的角度或是厚度、肌肉太多或是看起來太瘦、腳趾頭角度和腳印化石比較後有出入…等等，與細節相關的專業意見。但即使圖畫符合這些細節考證，但每個人喜好終究不同，像是眉毛上的角質如何覆蓋、鼻孔是什麼型態、嘴唇要畫還是不畫、成年霸王龍毛髮多寡、顏色怎麼上、皮膚如何呈現…等等。

但是這些問題是沒有正確解答的，因為6千600萬年前曾在北美洲生活的「真實的霸王龍」，已經在太久以前就消失了，沒有留下關於牠的痕跡，以後可能也永遠不會知道。但是更大的問題是，最新霸王龍的模型也有可能是錯誤的，模型是可能會改變的，在某種程度上是當然的。因為我們所看到的恐龍的樣子，是開始於地層中發現的化石，從這些小小的證據推敲出恐龍相關的故事。我跳脫出從化石推測的各種恐龍模型，選擇了某個模型定義為自己「理想中的霸王龍」，所以這本書在開頭出現的小王子最後是看著「骨骼圖」而感到滿足。

但為什麼要這樣？為什麼要知道這些？簡單來說，就是為什麼國家要編列研究恐龍的預算經費、為什麼要蓋自然博物館等的問題。為此倒是昆蟲學家們先對這些問題提出了看法，就好比要更能掌握農業昆蟲的價值、害蟲防治、病媒管理、未來糧食等等。但是這些全都是次要原因，事實上這些人大部分都是昆蟲狂熱者，只是因為喜歡昆蟲而去研究，當然恐龍學家也是這樣！至少我去過的每一間恐龍研究室都一樣，研究室到處都是恐龍玩具、恐龍機器人等，印象中就是很多真正的恐龍狂粉們在做恐龍相關研究。

事實上以經濟的角度來看，如果恐龍現在還活著也可以說話的話，那恐龍可能會說自己是「科學的墊腳石」。探討恐龍就像是黑洞一樣的賭注，因為有趣的外型和魅力，不只是小孩連大人都被吸引，就這樣著迷的掉入恐龍的魅力中。期待這背後偉大的科學，不只侷限於恐龍，也擴展到其他領域。喜歡恐龍的小孩當然不是都變成恐龍學家，而是藉由研究恐龍為開端，長大成為了其他領域的科學家或技術人員。所以電影《侏羅紀世界》上映的那天，可能就有無數的年輕人期許自己未來是位科學家。大人也透過恐龍進入了科學的世界，享受著新的興趣，被遺忘的好奇心又爆發了。這樣看來恐龍的存在就像是「石頭做成的科學傳播者」。

不久前看到一位和孫子一起到自然博物館參觀的奶奶。奶奶在三角龍骨骼前面不停感嘆地說：「天啊，以前有這種東西活著？這麼大的生物活著！」孫子在覺得神奇的奶奶旁邊，開始滔滔不絕的說明有關三角龍的事情，就像是自己直接挖掘了恐龍化石一樣，看著那個畫面，我相信那孩子會以恐龍作為墊腳石，將來很有機會成為某個領域的科學家呢！對許多讀者來說，希望這本書就像自然博物館的三角龍一樣，能讓大家重拾對恐龍的興趣，更希望它能讓大家深深著迷，並成為陷入科學世界的墊腳石。

2019年6月 金渡潤

用雙手
創造你的王國
作伙來玩！

BSMI經濟部標準檢驗局
檢驗合格認證！

創新環保材質
防水、撕不破，免工具、免黏貼

專利結構、簡易組裝
培養專注力、邏輯思考、組織能力

適合親子共同體驗
分享創意互動手做遊戲的快樂

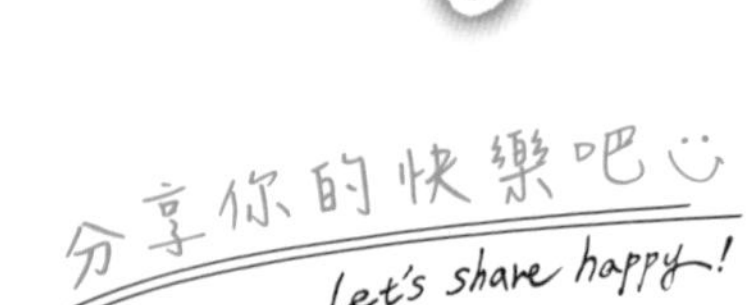

OO屋
環保體驗 Eco experience 手做遊戲 Hand-made game
OO屋官方網站 OO屋粉絲專頁